乡村振兴战略·浙江省农民教育培训丛书

常见色彩园艺植物

浙江省农业农村厅 编

ZHEJIANG UNIVERSITY PRESS
浙江大学出版社
·杭州·

图书在版编目(CIP)数据

常见色彩园艺植物/浙江省农业农村厅编. —杭州：浙江大学出版社，2023.3

(乡村振兴战略 · 浙江省农民教育培训丛书)

ISBN 978-7-308-21925-9

Ⅰ.①常… Ⅱ.①浙… Ⅲ.①园林植物－观赏园艺 Ⅳ.①S688

中国国家版本馆CIP数据核字(2023)第043800号

常见色彩园艺植物

浙江省农业农村厅 编

丛书统筹 杭州科达书社
出版策划 陈 宇 冯智慧
责任编辑 陈 宇
责任校对 赵 伟 张凌静
封面设计 三版文化
出版发行 浙江大学出版社
(杭州市天目山路148号 邮政编码 310007)
(网址：http://www.zjupress.com)
制作排版 三版文化
印 刷 杭州艺华印刷有限公司
开 本 710mm × 1000mm 1/16
印 张 11.25
字 数 190千
版 印 次 2023年3月第1版 2023年3月第1次印刷
书 号 ISBN 978-7-308-21925-9
定 价 73.00元

乡村振兴战略·浙江省农民教育培训丛书

本书编写人员

主　编　何林夫　林　钗

副主编　詹　菁　邱春英　许　乔　潘英杰

编　撰　(按姓氏笔画排序)

卜沈华　马广莹　王史影　王国兴　王宝燕
王建云　厉　婷　付佳良　许　乔　许天罡
李婵颖　吴晓曙　邱春英　何天晟　何林夫
汪建明　沈柏尧　张国维　陈　丽　陈呈斌
陈晓丹　林　钗　林　萍　郁幼芳　胡立军
钟金良　俞　庆　钱水明　钱国英　倪惠珠
徐　远　徐　健　章凯雯　梁佳佳　傅淑清
蓝海燕　楼　海　詹　菁　蔡火勤　潘英杰

丛书序

乡村振兴，人才是关键。习近平总书记指出，“让愿意留在乡村、建设家乡的人留得安心，让愿意上山下乡、回报乡村的人更有信心，激励各类人才在农村广阔天地大施所能、大展才华、大显身手，打造一支强大的乡村振兴人才队伍”。2021年，中共中央办公厅、国务院办公厅印发了《关于加快推进乡村人才振兴的意见》，从顶层设计出发，为乡村振兴的专业化人才队伍建设做出了战略部署。

一直以来，浙江始终坚持和加强党对乡村人才工作的全面领导，把乡村人力资源开发放在突出位置，聚焦“引、育、用、留、管”等关键环节，启动实施“两进两回”行动、十万农创客培育工程，持续深化千万农民素质提升工程，培育了一大批爱农业、懂技术、善经营的高素质农民和扎根农村创业创新的“乡村农匠”“农创客”，乡村人才队伍结构不断优化、素质不断提升，有力推动了浙江省“三农”工作，使其持续走在前列。

当前，“三农”工作重心已全面转向乡村振兴。打造乡村振兴示范省，促进农民、农村共同富裕，浙江省比以往任何时候都更加渴求

人才，更加亟须提升农民素质。为适应乡村振兴人才需要，扎实做好农民教育培训工作，浙江省委农村工作领导小组办公室、省农业农村厅、省乡村振兴局组织省内行业专家和权威人士，围绕种植业、畜牧业、海洋渔业、农产品质量安全、农业机械装备、农产品直播、农家小吃等方面，编纂了“乡村振兴战略·浙江省农民教育培训丛书”。

此套丛书既围绕全省农业主导产业，包括政策体系、发展现状、市场前景、栽培技术、优良品种等内容，又紧扣农业农村发展新热点、新趋势，包括电商村播、农家特色小吃、生态农业沼液科学使用等内容，覆盖广泛、图文并茂、通俗易懂。相信丛书的出版，不仅可以丰富和充实浙江农民教育培训教学资源库，全面提升全省农民教育培训效率和质量，更能为农民群众适应现代化需要而练就真本领、硬功夫赋能和增光添彩。

中共浙江省委农村工作领导小组办公室主任
浙江省农业农村厅厅长
浙江省乡村振兴局局长
王通林

2023年3月

前　言

为了进一步提高广大农民自我发展能力和科技文化综合素质，造就一批爱农业、懂技术、善经营的高素质农民，我们根据浙江省农业生产和农村发展需要及农村季节特点，组织省内行业首席专家或权威人士编写了“乡村振兴战略·浙江省农民教育培训丛书”。

《常见色彩园艺植物》是“乡村振兴战略·浙江省农民教育培训丛书”中的一个分册，全书共分五章，第一章是生产概况，主要介绍概念和浙江省色彩园艺发展现状；第二章是效益分析，主要介绍社会生态效益、市场前景及风险防范；第三章是关键技术，着重介绍主要品种、场地选择、设施建设、育苗容器、育苗基质、肥料水分、种苗培育、病虫害防控；第四章是品种选择，主要介绍季节选择法、应用场景选择法；第五章是典型实例，主要介绍杭州爱婷环境绿化有限公司、浙江传化生物技术有限公司等八个浙江省内农业企业从事花卉生产经营的实践经验。

本书内容广泛、技术先进、文字简练、图文并茂、通俗易懂、编排新颖，可供广大花卉企业种植基地管理人员、农民专业合作社社员、家庭农场成员和农村种植大户学习阅读，也可作为农业生产技术人员和农业推广管理人员技术辅导参考用书，还可作为高职高专院校、农林牧渔类成人教育等的参考用书。

目 录

SHENGCHAN GAIKUANG

第一章　生产概况

色彩园艺是观赏园艺中以视觉效果为媒介，传达景观风貌、展示园林艺术、吸引游人游览的园艺应用形式。浙江省2019年花卉种植面积234万亩，其中色彩园艺类观赏苗木种植面积达到207.7万亩，占全省花卉种植总面积的88.8%。

一、概 念

园艺是一个农业行业术语，所涉及的行业范畴包括果树、蔬菜、花卉苗木、茶叶等的生产、育种、加工、销售等环节，是国民经济中具有根本意义、战略意义的重大民生产业。近年来，随着我国经济社会水平的不断发展，园艺行业除了开发蔬菜等最基本的食用功能外，还开始越来越多地挖掘和推广其美化环境、提升生态效益的功能。于是，观赏园艺中以视觉效果为媒介传达景观风貌、展示园林艺术、吸引游人游览的园艺应用形式——色彩园艺逐渐兴盛起来。伴随着乡村振兴战略的规划实施，各地积极围绕乡村旅游和美丽乡村建设提升本地经济发展，色彩园艺应用大放异彩、方兴未艾。在良好的社会大背景支撑下，色彩园艺的品种类型和应用形式必定会越来越丰富，对生态文明和经济发展的贡献也将越来越大（见图1.1）。

图1.1　色彩园艺的社会生态效益

1.解释园艺的概念。

2.色彩园艺的主要功能有哪些?

二、浙江省色彩园艺发展现状

近年来，浙江省围绕深入实施乡村振兴战略和大湾区大花园大通道大都市区行动计划，以打造“浙江特色新优花卉”为目标，对接市场需求点，加快花卉产业融合，抓特色、谋创新、促发展，有力推进花卉产业结构调整，全省花卉产业呈现稳定、有序发展的良好态势。

（一）花卉产业概况

2019年，浙江省花卉种植面积234万亩，同比增加3.25万亩，增长1.4%；销售额205亿元，同比增加14亿元，增长7.3%；花卉出口额5474万美元，同比增长3.8%。全省花卉产业种植规模、销售量、销售额实现全面增长。观赏苗木、盆栽植物类、草坪、种球用花及水生花卉等主要种类同步增长，特别是具有浙江特色、适宜城市美化提升、符合乡村振兴和“五水共治”需求的花境植物与水生花卉，产销快速增长。

同时，以浙江虹越花卉股份有限公司为代表的线上消费模式方兴未艾、发展迅猛，以现代电商科技为引擎，促进了花卉销售模式多元化。

（二）花卉产销情况

2019年，浙江省主要种植的花卉种类中，草坪、种子和种球用花种植面积增幅较大，鲜切花类、盆栽植物类和食用药用花卉种植面积略有增加，观赏苗木种植面积保持稳定。色彩园艺类观赏苗木和盆栽植物种植面积分别达到207.7万亩和5.7万亩，合计占到总产业面积的90.9％，产业规模举足轻重。

花坛植物绝大多数也属于色彩园艺品种。2019年，浙江省花坛植物销售量2.3亿盆，同比增长5.7％，销售额2.7亿元，同比增长25.3％。随着美丽乡村建设开展，作为道路及庭院绿化的花坛植物具有生产周期短、产业链完整、花色品种多等特点，总体销量保持平稳增长，带来了良好的经济效益（见图1.2）。

图1.2　良好的经济效益

（三）花卉产业的主要问题

尽管浙江省花卉产业取得了较好的成绩，发展势头总体良好，但是也存在一些制约行业转型升级、提质增效的问题。概括来讲，主要包括行业管理和技术推广队伍薄弱、种质资源保护和品种开发力度相对欠缺、生产设施相对落后、产业化水平总体较低等，有的是省内外的共性问题，有的是浙江省的特性问题，需要长期研究论证、逐步解决。

总之，随着社会经济的不断发展，浙江省花卉产业，包括色彩园艺都取得了长足进步。花卉产业在国内外市场的不断扩大，必将引领浙江省色彩园艺走向更优质、更高效、更健康的发展之路。

复习思考题

1.阐述浙江省花卉产业概况。

2.阐述浙江省近年来花卉的产销情况。

3.阐述浙江省花卉产业的主要问题。

XIAOYI FENXI

第二章　效益分析

色彩园艺随着社会经济的发展逐步壮大。美丽经济方兴未艾。在优良品种种植、推广的过程中，经营主体获得了较好的投资回报，产生了较好的经济效益。与此同时，色彩园艺的发展带动了城市和乡村园林景观效果的大幅提升，赏花经济热度只增不减，无论是上游种苗生产还是下游旅游业的发展，都受到了极大的推动，显著提升了社会生态效益。但在大规模发展色彩园艺品种前，仍需要经过充分的市场考察和论证，以便把投资风险降到最低，让投资回报最大化。

一、社会生态效益

色彩园艺是在园艺育种水平不断提升、经济水平日益提高的大背景下逐渐兴盛起来的。随着色彩园艺的发展，人们生活的公共空间绿化美化类型逐渐丰富，各种极具视觉冲击力的色彩园艺景观层出不穷。这些精美的景观作品，要求园林景观设计师不断创新设计理念，丰富景观类型，以求推陈出新、与时俱进。色彩园艺的应用不仅大大美化了人们居住环境，提升了城市景观的艺术涵养，还能够向人们传达一种热爱自然、亲近自然的健康生活理念，让园艺作品深入生活、深入每个人的心灵。

色彩园艺的发展，离不开景观设计师和彩色植物的育种者、繁育者。尤其是近年来，随着我国对外开放水平的不断提升，国外优秀的色彩园艺品种源源不断地进入中国市场，从事苗木进出口贸易的从业者越来越多，贸易规模也越来越大。优质色彩园艺品种进入国内后，一些敢为人先、勇于创新的苗木种植者率先大力扩繁优秀植物类型，并将其推向市政园林，甚至家庭园艺市场，催生了一大批经营新优花卉的网红大咖，大大促进了色彩园艺品种的种植、销售和终端应用，对国民经济的发展、人民生活水平的提升、色彩园艺市场的成熟成长都起到了十分显著的助推作用。

1.色彩园艺的发展对园林景观设计师有什么要求？

2.色彩园艺有哪些社会效益？

二、市场前景及风险防范

色彩园艺的发展既与经济发展息息相关，也与人民生活水平紧密相连。中国平稳发展的经济给色彩园艺的推广营造了扎实的外部环境。尤其是近年来，我国日益重视生态保护和环境改善工作，优秀的色彩园艺品种备受关注，部分品种供不应求。乡村振兴战略为色彩园艺的稳步发展提供了更广阔的机遇。中国疆域广阔，各地区在生态保护和环境提升过程中对色彩园艺品种的需求不尽相同，所以各种优秀的色彩园艺品种都可以在国内找到适合的应用场景，这就为种植者提供了稳定的销售终端。

目前，大多数优秀的色彩园艺品种均来自国外，无论是专利品种还是非专利品种，销售价格普遍偏高。这一方面是因为供不应求，另一方面也显示出这些园艺品种具有较好的市场认可度。色彩园艺新品种不断地被培育、推广，因此种植和应用这类园艺品种能保持较高的销售收益。

当然，任何新品种在推广过程中都可能面临市场炒作的风险。在大规模引进、繁育新优色彩园艺品种前，需要经过充分的市场考察和论证，在能够承受投资风险的前提下开展规模化经营，这样才能把投资风险降到最低，让投资回报实现最大化。

1.色彩园艺的市场前景如何?

2.如何做好色彩园艺的风险防范?

GUANJIAN JISHU

第三章　关键技术

色彩园艺种植的关键技术可以分为产前和产中两个阶段。产前技术主要是选择适合本地种植的优良品种，做好场地选择和设施建设，选好育苗容器和育苗基质；产中技术主要是色彩花卉的肥料水分管理、种苗培育、病虫害防控等。

一、主要品种

（一）常见白色品种

1.绣线菊

绣线菊是蔷薇科绣线菊属植物，全国原产50余种，大多数尚处于野生状态。

绣线菊为直立灌木，高1~2米。枝条密集、柔软；小枝稍有棱角，黄褐色；嫩枝具短柔毛，老时脱落。冬芽卵形或长圆卵形，先端急尖，有数个褐色外露鳞片，外被稀疏细短柔毛。叶片长圆披针形至披针形，先端急尖或渐尖，基部楔形，边缘密生锐锯齿，有时为重锯齿，两面无毛；叶柄无毛。绣线菊为长圆形花序或金字塔形的圆锥花序，被细短柔毛，花朵密集；花梗长4~7毫米；苞片披针形至线状披针形，全缘或有少数锯齿，微被细短柔毛；花直径5~7毫米；萼筒钟状；萼片三角形，内面微被短柔毛；花瓣卵形，先端通常圆钝；花盘圆环形，裂片呈细圆锯齿状；子房有稀疏短柔毛；花柱短于雄蕊。蓇葖果直立，无毛或沿腹缝有短柔毛，花柱顶生，倾斜开展，常具反折萼片。

该属植物花量巨大，花色从白色、粉色到红色，主要品种有喷雪花，学名线叶绣线菊（见图3.1），是近年来非常受欢迎的白色系早春花灌木。该种株高1~2米；枝条丛生，呈自然弯曲状态；在浙江地区3—4月开花，花叶同放，花朵小而密集；群植、丛植效果震撼，极为壮观。喷雪花与麻叶绣线菊、菱叶绣线菊等是近年来流行的早春色彩园艺品种，可观花观叶，特色鲜明，且以纯净的白色花为亮点，耐修剪，花量大，是园林绿化中十分优秀的白色系落叶灌木类型。

图3.1　线叶绣线菊

2.溲疏

溲疏是虎耳草科溲疏属（见图3.2）。多分布于温带，如东亚、墨西哥及中美等地区。我国是溲疏属植物的重要原产地之一，约有50种。浙江省有大量野生溲疏分布，以西南部最多。

图3.2　溲疏

溲疏为落叶灌木，稀半常绿，高达3米。树皮成薄片状剥落。小枝中空，红褐色，幼时有星状毛，老枝光滑。叶对生，有短柄；叶片卵形至卵状披针形，顶端尖，基部稍圆，边缘有小锯齿，两面均有星状毛，粗糙。直立圆锥花序，花白色或带粉红色斑点；萼筒钟状，与子房壁合生，木质化，直立，果时宿存；花瓣长圆形，外面有星状毛；花丝顶端有两长齿；花柱离生，柱头常下延。蒴果近球形，顶端扁平具短喙和网纹。

溲疏喜光，稍耐阴，萌芽力强，耐修剪。喜温暖、湿润气候，但耐寒、耐旱。多见于山谷、路边、岩缝及丘陵低山灌丛中，对土壤的要求不严，但以腐殖质丰富、pH值6~8且排水良好的土壤为宜。溲疏初夏白花繁密，素雅，常丛植草坪一角、建筑旁、林缘配山石；若与花期相近的山梅花配置，则次第开花，可延长树丛的观花期。宜丛植于草坪、路边、山坡及林缘，也可作花篱及岩石园种植材料。花枝可供瓶插观赏。

近年在园林中常用的白花品种有“雪绒花”“罗切斯特的荣耀”等品种。白花溲疏花期在4—5月，花叶同放，花量巨大，且枝条稍有弯曲，单株即可整形成瀑布状或圆球状，无论是盆栽还是群植，都能产生繁花似锦的壮观景象。

3.染井吉野

染井吉野是樱花中的一种园艺品种，为蔷薇科李属樱亚属，原产日本（见图3.3）。1902年，染井吉野与其他品种的樱花被一并引种到欧洲和北美。民国期间，我国曾有过规模引进。北京、上海、无锡、南昌、西安、青岛、南京，武汉、大连、杭州等地，特别是华东地区种植较多。

染井吉野树形高大，可达10~15米。单瓣花，淡粉白色，4~5朵花形成总状花序。小花柄、萼筒、萼片上有很多细毛，萼筒上部比较细。花蕾粉红色，在叶子长出前就盛开。

染井吉野是园林景观中非常好的早春观花品种。在众多樱花品

图3.3　染井吉野

种中，染井吉野的花期偏早、先花后叶、花量巨大、景观效果较好，耐旱性强、耐盐碱，对土壤条件要求不严，在各种改良后的土壤中都能正常生长，且长势良好。在长三角地区，染井吉野一般列植于道路两侧，3月中上旬开放，花开时节，如烟似雾，繁茂无比，微风拂来，开败的花瓣一片片飘落，宛如仙境。

4.白玉兰

白玉兰是木兰科玉兰属落叶乔木，也称玉兰。分布于中国江西（庐山）、浙江（天目山）、湖南（衡山）、贵州，在中国各大城市园林广泛栽培（见图3.4）。

玉兰枝广展形成宽阔的树冠；树皮深灰色，粗糙开裂；小枝稍粗壮，灰褐色；冬芽及花梗密被淡灰黄色长绢毛。叶纸质，倒卵

图3.4　白玉兰

形、宽倒卵形或倒卵状椭圆形，基部徒长椭圆形枝叶。叶先端宽圆、平截或稍凹，具短突尖；中部以下渐狭成楔形。叶上面深绿色，嫩时被柔毛，后仅中脉及侧脉留有柔毛；下面淡绿色，沿脉上被柔毛，网脉明显。叶柄被柔毛，上面具狭纵沟；托叶痕为叶柄长的1/4~1/3。花蕾卵圆形，花先叶开放，直立，芳香；花梗显著膨大，密被淡黄色长绢毛；花被片白色，基部常带粉红色，近相似，长圆状倒卵形；雄蕊花药长6~7毫米，侧向开裂；药隔宽约5毫米，顶端伸出呈短尖头；雌蕊群淡绿色，无毛，圆柱形；雌蕊狭卵形，具4毫米长的锥尖花柱。

玉兰生长于海拔500~1000米的林中。喜阳光，稍耐阴。有一定耐寒性，在−20℃条件下能安全越冬，在中国华北地区背风向阳处能露地越冬。喜肥沃、适当润湿且排水良好的弱酸土壤（pH值5~6），但也能生长于弱碱性土壤（pH值7~8）。

玉兰属植物是早春非常美丽的开花植物，属于小乔木或大灌木。白玉兰和望春玉兰在长三角地区为3月初开放，先花后叶，无论列植、群植还是孤植，景观效果都非常壮观。

5. 梨树

梨树属蔷薇科苹果亚科落叶或半常绿乔木，是我国的传统果树。原生于亚洲、欧洲及非洲，主要集中在地中海、中亚及中国。

梨树根系发达，垂直根深可超过3米，水平根分布较广，约为冠幅的2倍。喜光、喜温，宜选择土层深厚、排水良好的缓坡山地种植，尤以砂质壤土山地为宜。干性强，层性较明显。叶片多呈卵形，大小因品种不同而各异，单叶互生，有锯齿或全缘，稀分裂，在芽中呈席卷状，有叶柄与托叶。花成伞形总状花序；花白色，罕粉红色；花瓣具爪，近圆形；雄蕊20~30枚，花药常红色。

梨花也是传统名花，白色的梨花于早春开放，先花后叶，蔚为壮观（见图3.5）。近年来，从美国引进的叶色更加丰富的豆梨品种，

图3.5　梨花

不仅白色花十分美丽，其饱满的株型及靓丽的彩色叶同样出彩，是值得推广的花木品种。

6.深山含笑

深山含笑为木兰科含笑属常绿乔木，是中国特有物种。生长快，适应性强，冬季不凋，树型美观，有较高的观赏价值和经济价值。主要分布在浙江、福建、湖南、广东、广西、贵州等地。

深山含笑各部均无毛；树皮薄；浅灰色或灰褐色，平滑不裂；芽、嫩枝、叶下面、苞片均被白粉（见图 3.6）。叶鲜绿，互生，革质深绿色，叶背淡绿色，长圆状椭圆形，很少卵状椭圆形，先端骤狭短渐尖或短渐尖而尖头钝；基部楔形、阔楔形或近圆钝，上面深绿色，有光泽，下面灰绿色，被白粉，直或稍曲。花梗绿色，佛焰苞状苞片淡褐色，薄革质；花芳香，纯白色，基部稍呈淡红色，外轮倒卵形，顶端短、急、尖，基部具有长约 1 厘米的爪，内两轮则渐狭小；近匙形，顶端尖；雄蕊药隔伸出长 1~2 毫米的尖头，花丝

图3.6　深山含笑

宽扁，淡紫色；雌蕊群长1.5~1.8厘米，心皮绿色，狭卵圆形。聚合果长7~15厘米，蓇葖长圆体形、倒卵圆形、卵圆形，顶端圆钝或具有短突尖头。

深山含笑喜温暖、湿润环境，有一定耐寒能力。喜光，幼时较耐阴。自然更新能力强，生长快，适应性强。抗干热，对二氧化硫的抗性较强。喜土层深厚、疏松、肥沃而湿润的酸性砂质土。根系发达，萌芽力强。浙江地区一般每年2月中下旬开放，花纯白艳丽，花朵硕大，芳香怡人。深山含笑四季常绿，抗寒、抗旱性非常优良，是白色花系中优良的类型之一，为庭园观赏树种和四旁绿化树种。

7. 大滨菊

大滨菊是菊科滨菊属多年生草本花卉，原产于欧洲，中国引种栽培。园田土、沙壤土、微碱或微酸性土均能生长。喜光照，在栽植地点，须清除影响光照的障碍物，确保大滨菊接受足量的光照。

图3.7 大滨菊

大滨菊株高30~70厘米，全株光滑无毛。茎直立，不分枝或自基部疏分枝，被长毛。叶互生，基部生叶长达30厘米，上部叶渐短，披针形，先端钝圆，基部渐狭，边缘具细尖锯齿（见图3.7）。头状花序，单生枝端，直径5~8厘米。舌状花白色，舌片宽，先端钝圆；总苞片宽长、圆形，先端钝，边缘膜质，中央稍褐色或绿色。瘦果，无冠毛。

大滨菊花期集中于夏秋季节，花朵洁白素雅，花大，花色清秀，花形舒展美观，花期长达5个月。株丛紧凑，成片种植，白色头状花序集中开放，景观效果良好。适宜花境前景或中景栽植，林缘或坡地片植，庭园或岩石园点缀栽植，亦可盆栽观赏或作鲜切花使用。

8. 白晶菊

白晶菊属菊科白晶菊属，为一二年生草本花卉。原产于非洲、欧洲。喜温暖和阳光充足的环境，光照不足时则开花不良。较耐寒，不耐高温，耐半阴。适宜生长在疏松、肥沃、排水性好的土壤中。秋季播种，翌年早春开花（见图3.8）。

白晶菊株高15~25厘米，分枝性好。叶互生，一至两回羽裂。头状花序顶生，盘状。边缘有银白色舌状花，中央有金黄色筒状花，

图3.8　白晶菊

色彩分明、鲜艳。花径 3~4 厘米。株高长到 15 厘米即可开花，花期从冬末至初夏，3~5 月是其盛花期。白晶菊矮而强健，多花，花期早且长，成片栽培耀眼夺目，花谢花开，可维持 2~3 个月。适用于盆栽、组合盆栽观赏或早春花坛美化，也可作为地被花卉栽种。

（二）常见红色品种

1. 一串红

一串红为唇形科鼠尾草属亚灌木状草本。原产于巴西。经过长期的品种选育，目前种子可以实现国产，且质量不断提高。一串红喜温暖和阳光充足环境，不耐寒，耐半阴，忌霜雪和高温，怕积水（短期水淹即影响其正常生长）和碱性土壤，是比较典型的怕涝型草本花卉，所以种植过程要保持土壤干燥（见图 3.9）。

图3.9　一串红

一串红高可达90厘米。茎钝四棱形，具浅槽，无毛。叶卵圆形或三角状卵圆形，先端渐尖，基部截形或圆形，稀钝，边缘具锯齿，上面绿色，下面较淡，两面无毛，下面具腺点；茎生叶无毛。轮伞花序，组成顶生总状花序，花序长达20厘米；苞片卵圆形，红色，在花开前包裹着花蕾，先端尾状渐尖；花梗密被染红的具腺柔毛，花序轴被微柔毛。花萼钟形，红色，外面沿脉上被染红的具腺柔毛，内面在上半部被微硬伏毛。花冠红色，外被微柔毛，内面无毛。冠筒筒状，直伸，在喉部略增大。冠檐二唇形。上唇直伸，略内弯，长圆形，先端微缺。下唇比上唇短，3裂。中裂片半圆形；侧裂片长卵圆形，比中裂片长。花柱与花冠近相等，先端不相等2裂，前裂片较长。

一串红是典型的花色纯正的红色系草本花卉，不仅适宜片植以营造红色花海景观，还适合做园林镶边、组合盆栽等应用。花色醒目，花朵繁密，颜色艳丽。种苗价格低廉。常用作花丛、花坛的主体材料。也可植于带状花坛或自然式纯植于林缘，常与美人蕉、矮万寿菊、翠菊、矮霍香蓟等配合布置。一串红群体花期一般约2个月，适合“五一”“七一”“八一”“十一”等节日用花，成片种植效果更为壮观。

2. 鸡冠花

鸡冠花属苋科青葙属一年草本植物，夏秋季开花，花多为红色，呈鸡冠状，故得名，享有“花中之禽”的美誉。原产于非洲、美洲热带地区和印度，现世界各地广为栽培。鸡冠花抗逆力强，耐干旱，也耐短时水湿，喜温暖干燥气候，喜阳光，但对土壤要求不严，常规土壤都能种植。

鸡冠花高30~80厘米。全株无毛，粗壮，分枝少。有纵棱。单叶互生，具柄；叶片先端渐尖或长尖，基部渐窄成柄，全缘。苞片、小苞片和花被片干膜质，宿存；胞果卵形，长约3毫米，熟时盖裂，包于宿存花被片内。长江流域花期可达深秋（见图3.10）。

图3.10　鸡冠花

鸡冠花是典型的花色纯正的红色系草本花卉，花色十分丰富，最常见的就是大红色。鸡冠花对二氧化硫、氯化氢具良好的抗性，可起到绿化、美化和净化环境等多重作用，适宜用作厂矿绿化，称得上是一种抗污染环境的大众观赏花卉。鸡冠花不仅适宜片植以营造红色花海景观，也适合做园林镶边、组合盆栽等应用，花色醒目，颜色艳丽，种苗价格低廉，是非常好的红色系草花。

3.矮牵牛

矮牵牛又称碧冬茄，属茄科碧冬茄属多年生草本，常作一二年生栽培。原分布于南美洲，现世界各地广为流行。

矮牵牛株高15~80厘米，有丛生和匍匐两类。茎被柔毛；叶质柔软，椭圆或卵圆形，全缘，互生，上部叶对生；花单生，呈漏斗状，重瓣花球形，花白色、紫色或红色，并镶有他色边，非常美丽，花期在每年的6—10月，若当年的秋季气温较高，花期也会适当延长（见图3.11）。喜温暖和阳光充足的环境。不耐霜冻，怕雨涝。它

图3.11　矮牵牛

的生长适温为 13~18℃。冬季温度如低于 4℃，则生长停止；夏季能耐 35℃以上的高温。夏季高温季节，应早、晚浇水，保持盆土湿润。但盆土过湿，茎叶容易徒长；花期雨水多，花朵易褪色或腐烂。盆土若长期积水，则易烂根死亡，所以盆栽矮牵牛宜用疏松、肥沃和排水良好的沙壤土。

矮牵牛株型饱满，花大而多，开花繁盛，花期长，色彩丰富，适合做盆花。通过合适的种植技术，可以使矮牵牛盆栽分枝众多，花朵密集，或垂吊，或摆放，是十分优秀的盆栽品种之一。也可以自然式丛植，还可作为切花。矮牵牛广泛用于花坛布置、花槽配置、景点摆设、窗台点缀、家庭装饰等。近年来，矮牵牛品种抗寒能力不断提升，有些品种在浙江地区可以顺利越冬，成为多年生花卉。应用中需要注意的是，矮牵牛绝大多数品种比较怕雨水。矮牵牛花瓣质地柔嫩，故一旦经雨水拍打，花朵容易变形失色，观赏价值丧失。

4. 美人蕉

美人蕉为美人蕉科美人蕉属多年生草本（见图 3.12）。原产于热

图3.12　美人蕉

带美洲、印度、马来半岛等地区，分布于印度及中国等地，是亚热带和热带常用的观花植物。我国的美人蕉由人工引种栽培。美人蕉喜温暖和充足的阳光，不耐寒。对土壤要求不严，在疏松肥沃、排水良好的沙质土壤中生长最佳，也适应于肥沃黏质土壤生长。

美人蕉植株全部绿色，高可达 1.5 米，被蜡质白粉，具有块状根茎。地上枝丛生。单叶互生，具鞘状的叶柄；叶片卵状长圆形。总状花序疏花，略超出于叶片之上；花红色，单生；苞片卵形，绿色，长约 1.2 厘米；萼片 3 枚，绿白色，先端带红色；花冠管长不及 1 厘米，花冠裂片披针形，绿色或红色；外轮退化雄蕊 2~3 枚，鲜红色；唇瓣披针形，弯曲；发育雄蕊长 2.5 厘米，花药室长 6 毫米；花柱扁平，一半和发育雄蕊的花丝连合。

近年来，美人蕉被大量应用于湿地、浮水种植，是非常好的浅水生植物。而且，日本的育种家培育出了种子繁殖的品种，采用种子即可种植出整齐一致的美人蕉盆栽苗。常见品种有“卡诺娃”系列和“南太平洋”系列。“卡诺娃”美人蕉于2015年前后引入中国，适合盆栽，也适合做花坛用花，花期集中在夏秋两季，北方为6—10月，南方全年都可开花。除了花色丰富，还有古铜色的叶子，可花叶兼赏。

5.山梗菜

山梗菜是桔梗科半边莲属多年生宿根花卉，又名宿根六倍利。主要分布于我国东北及河北、山东、浙江、台湾、广西、云南等地。生长于平原或山坡湿草地，耐寒耐热，同时也可以浅水种植。

山梗菜株高50~100厘米。根状茎直立，生多数须根。茎圆柱状，通常不分枝，无毛。叶螺旋状排列，在茎的中上部较密集，无柄；叶片厚纸质，宽披针形至条状披针形，先端渐尖，基部近圆形至阔楔形，两面无毛，边缘有细锯齿（见图3.13）。总状花序顶生，无毛；苞片叶状，窄披针形，比花短；花梗长5~12毫米；花萼筒杯状钟形，无毛，花萼裂片三角状披针形，全缘，无毛；花冠蓝紫色，近二唇形，外面无毛、花萼内面具长柔毛，上唇2裂长匙形，

图3.13 山梗菜

下唇3裂片椭圆形，裂片边缘密被睫毛；雄蕊在基部以上连合成筒，花丝筒无毛，花药结合线上密被柔毛，仅下方2枚花药先端具笔毛状髯毛。

近年来，“瑞风”系列被广泛种植，该系列可以盆栽，也可以地栽，夏季开花，花色有红色和蓝色及相关渐变色彩，品种新颖；无论是盆栽，还是成片种植，景观效果都很良好。

6. 美丽月见草

美丽月见草是月见草的一种，为柳叶菜科月见草属多年生草本（见图3.14）。原产美洲温带，主要分布在亚热带常绿、落叶阔叶林区。

美丽月见草具粗大主根。茎常丛生，向上生长，高30~55厘米，多分枝，被曲柔毛。茎上部有时密生短柔毛，有时混生长柔毛；下部常紫红色。基生叶紧贴地面，倒披针形，先端锐尖或钝圆，自中部渐狭或骤狭，并不规则羽状深裂下延至柄。叶柄淡紫红色，开花时基生叶枯萎。茎生叶灰绿色，披针形（轮廓）或长圆状卵形，先端下部的钝状锐尖，中上部的锐尖至渐尖，基部宽楔形并骤缩下延至柄，边缘具齿突，基部细羽状裂，两面被曲柔毛。花单生于茎、枝

图3.14 美丽月见草

顶部叶腋；花蕾绿色，锥状圆柱形，顶端萼齿紧缩成喙；花管淡红色，被曲柔毛，萼片绿色带红色，披针形，背面被曲柔毛，开花时反折再向上翻；花瓣粉红或紫红色，宽倒卵形，先端钝圆；花径大。花丝白色或淡紫红色；花药粉红色或黄色，长圆状线形；子房花期狭椭圆状，密被曲柔毛；花柱白色，柱头红色，围以花药。花粉直接授在裂片上。蒴果棒状，具4条纵翅，翅间具棱，顶端具短喙。

美丽月见草耐干旱也耐水湿，经常种植在滨水岸边。具有非常强的自播繁衍能力，可以用种子繁殖。冬季地上部分枯死，只有少数基生叶着生；春季萌芽后生长迅速，植株略有倒伏性；夏季开花，花朵粉红色，挺直，如杯盏状，每天傍晚开放，至翌日近午凋萎。美丽月见草开花量大，引来粉蝶翩翩飞舞，开花效果壮观，既可以大面积的景观布置，也可以作为花坛花栽培；既可以直接露地播种栽培，也可以作为地被植物被苗圃单位生产销售。可以春、夏、秋播种，也可以冬季保护地播种移栽。不耐严寒，江南可露地避风越冬。

7.红花石蒜

红花石蒜是石蒜科石蒜属下石蒜的一个变种，多年生草本植物（见图3.15）。原产于中国和日本，现世界各地广为栽培。喜阴湿环境，怕强光直射，宜生长于疏松肥沃的沙壤土。

红花石蒜鳞茎近球形，直径1~3厘米，上端有长约3厘米的叶基，基部生多数白色须根；表面有2~3层黑棕色干枯膜质鳞片包被，内部有10多层白色富黏性的肉质鳞片，生于短缩的鳞茎盘上，中心有黄白色的芽。秋季出叶，叶狭带状，顶端钝，深绿色，中间有粉绿色带，于花期后自基部抽生。夏秋之交，花葶破土而出，伞形花序顶生，花茎高约30厘米；总苞片2枚，披针形；有花4~7朵；花鲜红色；花被裂片狭呈倒披针形，强度皱缩和反卷，花被筒绿色；雄蕊显著伸出花被外，比花被长约1倍。

红花石蒜以前野外分布较广，现经过苗农扩繁，已经普遍栽培。红花石蒜春季展叶，夏末秋初开花，花叶不相见。开花时，花葶由

图3.15　红花石蒜

鳞茎抽出，花朵硕大，血红色，非常亮眼，是夏末秋初全光照或半阴环境下十分优良的宿根花卉。花期为 7—9 月，盛开在 7 月。分植鳞茎繁殖，通常 3~4 年分栽 1 次。园林中常用作背阴处绿化，可作花坛或花径材料，亦是美丽的切花材料。

8. 火焰南天竹

火焰南天竹属小檗科南天竹属小灌木，是近年来已经普及的优良地被类矮灌木（见图 3.16）。火焰南天竹喜光，喜温暖湿润的气候，对土壤要求不严格，喜欢在疏松排水的土壤中生长，在干旱瘠薄的土壤中生长缓慢。

火焰南天竹株高 40 厘米，茎常丛生而少分枝，树体通直，光滑无毛，幼枝常呈红色，老后呈灰色。叶互生，集生于茎的上部，偶尔有羽状复叶、二回三出复叶，叶片卵形、长卵形或卵状长椭圆形。

图3.16　火焰南天竹

叶薄革质，先端渐尖，基部楔形，全缘，两面无毛。春夏季节抽生黄绿色新叶，深秋季节叶片开始变红，温度越低，红色越艳，直至没有绿色叶片。总叶柄较短，中间的叶柄长于两边的小叶柄。圆锥花序直立，花小，白色，具芳香；萼片多轮，外轮萼片卵状三角形，向内各轮渐大，最内轮萼片卵状长圆形；花瓣长圆形，先端圆钝；雄蕊6枚，花丝短，花药纵裂，药隔延伸；子房1室。浆果球形，熟时鲜红色，稀橘红色。

火焰南天竹是一种优良的彩叶植物，株型矮小，枝叶浓密，叶形优美，秋冬叶色艳丽，灿烂夺目，是园林小品的点缀佳品、庭院墙隅和赏石相配的优良材料；在林缘、小溪边色块种植，假山、路口丛植，会趣意盎然；可成为草坪、花境的点题。火焰南天竹可全植于庭院房前、疏林下、草地边缘或园路转角处，由于其耐阴，因此也可配植在树下、楼北。火焰南天竹在园林中常与山石、沿阶草、杜鹃配植成小品种植于角隅、墙前。

9. 杜鹃

杜鹃属杜鹃花科杜鹃属。原产于中国，我国有着十分庞大的野生杜鹃种群，从东北到海南都有野生杜鹃分布。杜鹃花冠鲜红色，具有较高的观赏价值，在世界各地的公园中均有栽培。杜鹃不择土壤，但不耐干旱，只要保持土壤湿润，无论全光照还是半阴环境，都能够展现出花海景观。

杜鹃为落叶灌木，高 2~5 米；分枝多而纤细，密被亮棕褐色扁平糙伏毛。叶革质，常集生枝端，卵形、椭圆状卵形或倒卵形至倒披针形，先端短渐尖，基部楔形或宽楔形，边缘微反卷，具细齿，上面深绿色，疏被糙伏毛，下面淡白色，密被褐色糙伏毛，中脉在上面凹陷，下面凸出；叶柄密被亮棕褐色扁平糙伏毛。花芽卵球形，鳞片外面中部以上被糙伏毛，边缘具睫毛。花 2~6 朵簇生枝顶；花梗密被亮棕褐色糙伏毛；花萼 5 裂，深裂，被糙伏毛，边缘具睫毛；花冠阔，呈漏斗形，玫瑰色、鲜红色或暗红色，裂片 5 枚，倒卵形，上部裂片具深红色斑点；雄蕊 10 枚，长与花冠约相等，花丝线状，中部以下被微柔毛；子房卵球形，密被亮棕褐色糙伏毛，花柱伸出花冠外，无毛。蒴果卵球形，密被糙伏毛；花萼宿存。

杜鹃枝繁叶茂，绮丽多姿，萌发力强，耐修剪，根桩奇特，是优良的盆景材料。园林中最宜在林缘、溪边、池畔及岩石旁成丛成片栽植，也可于疏林下散植。我国园林中应用最广范的品种是毛鹃（见图 3.17），也称为锦绣杜鹃。该品种经过长期栽培，已经十分适应城市环境，每年 3—5 月，在长江流域成片种植的毛鹃集中开放，花量巨大，花色纯净，可以营造成片的灌木花海。杜鹃专类园极具特色，在花季中绽放时，杜鹃总是给人热闹而喧腾的感觉；不是花季时，杜鹃深绿色的叶片也很适合作为矮墙或屏障栽种在庭园中。

图3.17　毛鹃

10. 紫薇

紫薇属千屈菜科紫薇属落叶灌木或小乔木，是原产我国的木本观花植物。

紫薇高可达7米；树皮平滑，呈灰色或灰褐色；枝干多扭曲，小枝纤细，略呈翅状。叶互生或有时对生，叶片纸质，椭圆形、阔矩圆形或倒卵形，顶端短尖或钝形，有时微凹，基部阔楔形或近圆形，无毛或下面沿中脉有微柔毛，小脉不明显；无柄或叶柄很短。花色玫红、大红、深粉红、淡红色、紫色或白色，常组成7~20厘米的顶生圆锥花序；花梗中轴及花梗均被柔毛；花萼外面平滑无棱，但鲜时萼筒有微突起短棱，两面无毛，裂片三角形，直立，无附属体；花瓣6枚，皱缩，具长爪；雄蕊36~42枚，外面6枚着生于花萼上，比其余的长得多；子房3~6室，无毛。

三红紫薇是指“红火箭”“红火球”“红叶紫薇”的简称，因其花序硕大、花量繁多、植株挺拔等优良性状而风靡一时（见图3.18）。

6—8月是三红紫薇的主要观赏季节，此时观花灌木偏少，三红紫薇无论观花还是观叶，都艳压群芳，明显优于其他花灌木的景观表现。

图3.18　三红紫薇

近年来，随着欧美特色紫薇品种的大量引进，我国育种工作者顺势培育了大量速生类、红花类、紫叶类、矮生类紫薇新品种，并且新品种仍在不断涌现。在园林绿化中，可根据当地的实际情况和造景的需求，采用孤植、对植、群植、丛植和列植等方式进行科学而艺术的造景。例如，丛植或群植于山坡、平地或风景区内；配置于水滨、池畔；配置于山石、立峰之旁；配置于常绿树丛之中。由于三红紫薇的叶色在春天和深秋变红、变黄，因而在园林绿化中也可将其配置于常绿树群之中，以解决园中色彩单调的弊端；而在草坪中点缀数株紫薇也能给人以气氛柔和、色彩明快的感觉。

（三）常见黄色品种

1. 万寿菊

万寿菊属菊科万寿菊属的一年生草本花卉（见图3.19）。原产于墨西哥及中美洲，在中国各地均有分布。多生在路边草甸，生长适宜温度为15~25℃，花期适宜温度为18~20℃，要求生长环境的空气相对湿度在60%~70%，冬季温度不低于5℃。充足阳光对万寿

图3.19　万寿菊

菊生长十分有利，植株矮壮，花色艳丽。对土壤要求不严，以肥沃、排水良好的沙质土壤为好。

万寿菊高50~150厘米。茎直立，粗壮，具纵细条棱，分枝向上平展。叶片羽状分裂，裂片长椭圆形或披针形，边缘具锐锯齿，上部叶裂片的齿端有长细芒；沿叶缘有少数腺体。头状花序单生，花序梗顶端棍棒状膨大；总苞杯状，顶端具齿尖；舌状花黄色或暗橙色；舌片倒卵形，基部收缩成长爪，顶端微弯缺；管状花花冠黄色，长约9毫米，顶端具5齿裂。瘦果线形，基部缩小，黑色或褐色，被短微毛；冠毛有1~2个长芒和2~3个短而钝的鳞片。

万寿菊常于春天播种，是一种常见的园林绿化花卉，其花大、花期长，常用来点缀花坛、广场，布置花丛、花境和培植花篱。中、矮生品种适宜作为花坛、花径、花丛材料，也可作为盆栽材料；植株较高的品种可作为背景材料或切花。花色以金黄色、橙黄色为主。万寿菊园林用种子基本可以实现国产，价格便宜，栽培养护简单，是春季至下霜前各地营造黄色花海的不二选择。

2.孔雀草

孔雀草为菊科万寿菊属一年生草本植物（见图 3.20）。原产于墨西哥。分布于我国四川、贵州、云南等地，生长于海拔 750~1600 米的山坡草地、林中，或在庭园栽培。喜阳光，但在半阴处栽植也能开花。对土壤要求不严；既耐移栽，又生长迅速，栽培管理也很容易。撒落在地上的种子在合适的温、湿度条件中可自生自长，是一种适应性十分强的花卉。

孔雀草株茎直立，高 30~100 厘米，通常近基部分枝，分枝斜开展。叶羽状分裂，裂片线状披针形，边缘有锯齿，齿端常有长细芒，齿的基部通常有1个腺体。头状花序单生，花序梗长5~6.5厘米，顶端稍增粗；总苞长椭圆形，上端具锐齿，有腺点；舌状花金黄色或橙色，带有红色斑；舌片近圆形，顶端微凹；管状花，花冠黄色，具 5 齿裂。瘦果线形，基部缩小，黑色，被短柔毛，冠毛鳞片状。

图3.20　孔雀草

孔雀草花色以橙黄色、红色为主，色彩丰富，花期长，可以从“五一”开到“十一”，已逐步成为花坛、庭院的主体花卉。它的橙色、黄色、红色花极为醒目，为所栽之处平添了不少生气，也被发展做盆栽和切花。园林用种子基本可以实现国产，价格便宜，栽培养护简单，是春季至下霜前各地营造黄色花海的主栽品种。

3. 花菱草

花菱草是罂粟科花菱草属多年生草本花卉（见图 3.21）。原产于美国加利福尼亚州。性强健，十分耐寒，喜冷凉干燥气候，不宜湿热，炎热的夏季处于半休眠状态，常枯死，秋后再萌发。宜疏松肥沃、排水良好、上层深厚的沙壤土，也耐瘠土。

图3.21　花菱草

花菱草茎直立，高 30~60 厘米，明显具纵肋，分枝多，开展，呈二歧状。基生叶数枚，叶柄长，叶片灰绿色，多回三出羽状细裂，裂片形状多变，线形锐尖、长圆形锐尖或钝、匙状长圆形，顶生 3 裂片中，中裂片大多较宽和短；茎生叶与基生叶同，但较小并具短柄。花单生于茎和分枝顶端；花梗、花托凹陷，漏斗状或近管状，花开后成杯状，边缘波状反折；花萼卵球形，顶端呈短圆锥状，萼片2枚，花期脱落；花瓣4枚，三角状扇形，黄色，有时基部具橙黄色斑点；雄蕊多，花丝丝状基部加宽，花药线形，橙黄色；子房狭长，花柱短，柱头钻状线形，不等长。

花菱草一般秋季播种，翌年4—5月开花。茎叶嫩绿带灰色，花色鲜艳夺目，是良好的花带、花境和盆栽材料，也可用于草坪丛植。

4.金鱼草

金鱼草是玄参科金鱼草属植物的二年生花卉（见图3.22）。原产于地中海沿岸，世界各地都有栽培。较耐寒，不耐热；喜阳光，也耐半阴；喜肥沃、疏松和排水良好的微酸性沙壤土；对光照长短反应不敏感；生长适温为16~26℃。金鱼草可以一年种植2次，一般秋季播种翌年春季开花，夏季播种则秋季开花，都能展现金黄一片的效果。

图3.22 金鱼草

金鱼草茎基部有时木质化，高可达80厘米。茎基部无毛，中、上部被腺毛，基部有时分枝。叶下部的对生，上部的常互生，具短柄；叶片无毛，披针形至长圆状披针形，全缘。总状花序顶生，密被腺毛；花萼与花梗近等长，裂片卵形，顶端钝或急尖；花冠颜色多种，红色、紫色或白色，基部在前面下延成兜状，上唇直立，宽大，2半裂，下唇3浅裂，在中部向上唇隆起，封闭喉部，使花冠呈假面状；雄蕊4枚，2长2短（2个长的为2强）。蒴果卵形，基部向前延伸，被腺毛，顶端孔裂。

金鱼草花色以黄色为主，色泽纯正，整齐一致，为常见的庭园花卉，矮性种常用于花坛、花境或路边栽培观赏，盆栽可置于阳台、窗台等处装饰观赏；高性种常用作切花，也可作为背景材料。

5.向日葵

向日葵属菊科向日葵属的一年生植物，是传统的花海用花（见图3.23）。原产于北美洲，现世界各地均有栽培。向日葵性喜温暖，耐旱，生长周期短，在土壤、气候条件合适的条件下，最快播种后约50天即可见花。

向日葵高1~3米，茎直立，粗壮，多棱角，被白色粗硬毛。叶通常互生，心状卵形或卵圆形，先端锐突或渐尖，有基出3脉，边缘具粗锯齿，两面粗糙，被毛，有长柄。头状花序，极大，单生于茎顶或枝端，常下倾。总苞片多层，叶质，覆瓦状排列，被长硬毛，夏季开花，花序边缘生黄色的舌状花，不结实。花序中部为两性的

图3.23　向日葵

管状花，棕色或紫色，结实，果实为瘦果。

近年来，随着育种技术的进步，多花向日葵、彩色向日葵等品种不断涌现，极大丰富了选择范围。作为经典黄色系花卉，向日葵非常适合做大面积的景观花海。观赏向日葵切花分枝长度要40厘米以上。当外层的舌状花开放时即可采收。花期从6月下旬开始，选枝长60~70厘米的花枝采收，进行预处理，然后10支1束，花头用软纸包裹，装箱上市。向日葵切花在水中或保鲜液中瓶插寿命，夏季为6~8天，冬季为10~15天。一般在采收包装中把叶片去掉，留顶部1片叶为宜。切花可在2~5℃下储藏约1周。

6. 金盏菊

金盏菊是菊科金盏花属多年生草花。原产于地中海沿岸一带（见图3.24）。喜生长于温和、凉爽的气候，怕热、耐寒。要求光照充足或有轻微的荫蔽，喜疏松、排水良好、肥沃适度的土质，有一

图3.24　金盏菊

定的耐旱力，土壤pH值宜保持在6~7，这样植株分枝多，开花大而密。

金盏菊全株高20~75厘米，通常自茎基部分枝，被腺状柔毛。基生叶互生，叶长圆状倒卵形或匙形。头状花序单生茎枝端，总苞片1~2层，披针形或长圆状披针形，外层稍长于内层，顶端渐尖。花径约5厘米，有黄色、橙色、橙红色、白色等色，也有重瓣、卷瓣和绿心、深紫色花心等栽培品种。管状花檐部具三角状披针形裂片，瘦果全部弯曲，淡黄色或淡褐色，外层的瘦果大半内弯，外面常具小针刺，顶端具喙，两侧具翅脊部具规则的横折皱。

金盏菊秋季播种，早春开花。花色以金黄色为主，植株低矮，花期较长，是难得的冬季和早春开花草本植物，也是早春园林和城市中常见的草本花卉。

7.金雀花

金雀花是蝶形花科染料木属的小灌木（见图3.25）。原产于地中

图3.25　金雀花

海地区。喜温凉湿润气候，较耐寒、不耐炎热，在湿润地方生长特别良好，不抗干旱。该金雀花与我国野生金雀儿并非一种，前者为一年生盆栽花卉，后者为多年生落叶小灌木，耐干旱瘠薄，常做盆景用。

金雀花株高 30~60 厘米，掌状三出复叶；托叶阔披针状卵形，膜质，无毛，全缘；叶柄细柔，微被细柔毛；小叶倒心形，基部狭楔形，边全缘，或有时呈波状浅圆齿，上面无毛，下面被贴伏柔毛，侧脉 4~5 对，达叶缘处分叉并环结，细脉网状，不明显，两面均平坦；小叶柄甚短。伞状花序生于叶腋，总花梗与叶柄等长；萼钟形，密被褐色细毛，萼齿三角形，与萼筒等长或稍短；花冠淡蓝色至蓝紫色，偶为白色和淡红色，旗瓣阔倒卵形，先端凹陷，基部狭至瓣柄，无毛，脉纹明显，翼瓣长圆状镰形，先端钝，基部有耳，稍短于旗瓣，龙骨瓣比翼瓣稍短，三角状阔镰形，先端成直角弯曲，并具急尖，基部具长瓣柄；子房线状披针形，无毛，胚珠多数，上部渐狭至花柱，花柱向上弯曲，稍短于子房。

金雀花枝条纤弱，小叶婆娑，翠绿无杂色，外观精致小巧，细小的复叶泛着独特的银绿色光泽。春天是金雀花的开花季节，成簇金黄色的花朵挤满枝头，热烈奔放，远远望去，只见金黄一片，装饰效果极佳，是难得的春夏盆栽花卉。花美，花期也长，如在每次花后及时修剪，很快就能开出第二批花。在夏季，星罗棋布的小黄花点缀在枝头很是热闹，精致的外形酷似迷你版的金雀，非常惹人喜爱，为春夏季节常见的金黄色盆栽花卉。

8. 萱草

萱草是阿福花科萱草属的多年生宿根草本（见图 3.26）。原产于中国、西伯利亚、日本和东南亚地区。全国各地常见栽培，秦岭以南各地有野生。性强健，耐寒，适应性强，喜湿润也耐旱，喜阳光又耐半荫。对土壤选择性不强，但以富含腐殖质、排水性良好的湿润土壤为宜。

萱草根状茎粗短，具肉质纤维根，多数膨大呈窄长纺锤形。叶

图3.26　萱草

基生成丛，条状披针形，背面被白粉。夏季开橘红色大花，花葶长于叶，高达1米；圆锥花序顶生，有花6~12朵，花梗长约1厘米，有小的披针形苞片；花被基部粗短漏斗状，花被6枚，开展，向外反卷，外轮3枚，内轮3枚，边缘稍作波状；雄蕊6枚，花丝长，着生花被喉部；子房上位，花柱细长。

萱草一般清晨开放、夜晚闭合，单花朵寿命只有1天，个别品种可以达到2天。经过长期的品种选育，该属下面的品种多达9万个，是世界第一大宿根花卉。萱草花色鲜艳，栽培容易，且春季萌发早，绿叶成丛极为美观。黄色是萱草的基本色彩，最常见的品种为“金娃娃”，该品种在浙江地区5月始花，其后不断抽生新的花葶，花期可持续到10月。金娃娃抗病、抗虫、抗炎热、抗寒冷，主要的不足之处就是冬季落叶。园林中多丛植或于花境、路旁栽植。萱草类耐半荫，又可作为疏林地被植物。

9.忽地笑

忽地笑为石蒜科石蒜属多年生草本，俗名“黄花石蒜”（见图3.27）。分布于中国的福建、浙江、台湾、湖北、湖南、广东、广西、四川、云南、贵州等地，日本和缅甸等也有。喜潮湿环境，如阴湿山坡、岩石及石崖下，但也能耐半阴和干旱环境，稍耐寒，生命力颇强，对土壤无严格要求，如土壤肥沃且排水良好，则花朵格外繁盛。

忽地笑鳞茎卵形，直径约5厘米。秋季出叶，叶剑形，长约60厘米，最宽处可达2.5厘米，向基部渐狭，顶端渐尖，中间淡色带明显。总苞片2枚，披针形，伞形花序，有花4~8朵；花黄色；花被裂片背面具淡绿色中肋，倒披针形，强度反卷和皱缩，花被筒

图3.27　忽地笑

长1.2~1.5厘米；雄蕊略伸出于花被外，比花被长约1/6，花丝黄色；花柱上部呈玫瑰红色。蒴果具三棱，室背开裂；种子少，近球形，黑色。

忽地笑花朵金黄，花葶高约60厘米，非常适合在稀疏林下点状种植，也适合在灌木丛、草坪点缀。在园林中，可做林下地被花卉，花境丛植或山石间自然式栽植。因其开花时无叶，所以应与其他草本植物搭配为好。栽植密度为株距15~20厘米，行距40厘米，行间种植1行其他常绿植物。该种同红花石蒜类似，花叶不相见，冬春季节生长叶片，秋季8—9月叶片枯萎，抽薹开花。另外，忽地笑有花葶健壮、花茎长等特点，也是理想的切花材料。

10. 黄菖蒲

黄菖蒲是鸢尾科鸢尾属多年生湿生或挺水宿根草本植物（见图3.28）。原产于欧洲，中国各地常见栽培。喜生于河湖沿岸的湿地或沼泽地上。喜温暖水湿环境，喜肥沃泥土，耐寒性强。浙江地区可

图3.28 黄菖蒲

以半常绿，耐干旱也耐水湿，可以在浅水岸边和河湖浮岛种植。

黄菖蒲根状茎粗壮，直径可达2.5厘米，斜伸，节明显，黄褐色；须根黄白色，有皱缩的横纹。基生叶灰绿色，宽剑形，顶端渐尖，基部鞘状，色淡，中脉较明显。花茎粗壮，高60~70厘米，有明显的纵棱，上部分枝，茎生叶比基生叶短而窄；苞片3~4枚，膜质，绿色，披针形，顶端渐尖；花黄色，外花被裂片卵圆形或倒卵形，爪部狭楔形，中央下陷呈沟状，有黑褐色的条纹，内花被裂片较小，倒披针形，直立；雄蕊长约3厘米，花丝黄白色，花药黑紫色；花柱分枝淡黄色，顶端裂片半圆形，边缘有疏齿，子房绿色，三棱状柱形。

黄菖蒲适应范围广泛，可在水边或露地栽培，也可在水中挺水栽培，是少有的水生和陆生兼备的花卉，水生花卉中的骄子。黄菖蒲花期早，一般3月开花，可以延续到5月。该种花色金黄，高低错落，观赏价值较高。黄菖蒲成片栽植在公园、风景区、房地水体的浅水处，可软化硬质景观，达到建筑物、石材与自然的和谐，实现亭亭玉立、生机盎然的景观效果。黄菖蒲在水体种植的时候应注意稀植，以免种植过密容易倒伏。

11.黄金菊

黄金菊为菊科梳黄菊属一年生或多年生草本花卉（见图3.29）。喜阳光和排水良好的沙质土壤或土质深厚的土壤，土壤中性或略碱性。病虫害少，较耐寒，能耐4℃低温和短时0℃以下气温，在温暖地区的冬季仍可开花，同时有较强的抗高温能力。浙江部分地区冬季会受冻落叶，但翌年仍然可以重新萌发。

黄金菊高30~65厘米。茎直立，不分枝，上部生稍密的硬刺毛，稀无毛。基生叶簇生，长椭圆形或长匙形，基部渐狭，先端有短尖，边缘有不规则的锯齿，上面生粗毛；茎生叶长椭圆形，无柄，抱茎，中上部叶基部耳状抱茎，上部叶渐小，卵形或长卵形，全部叶缘有尖齿，两面生刺毛，下面脉上密生毛。头状花序单生于茎顶，大型，金黄色；总苞半球形，总苞片3~4层，长圆状披针形，外层边缘有睫毛；花序托有膜质托片；全部为舌状花，黄色，舌状片线形，先端5齿裂，花筒细长；花药黄色；花柱丝状，柱头2裂。瘦果圆柱状线形，先端有长喙；冠毛1层，灰白色。

图3.29　黄金菊

黄金菊叶子绿色，花黄色，花心黄色，冬季至早春开花。全株具香气，叶略带草香及苹果的香气。黄金菊是近年来国际上流行的花卉，其株形紧凑，花期长，花色亮丽，成片栽植绚烂夺目，尤其在浙江地区，能保持冬季常绿，花期从4月份可以延续到秋末冬初，是优良的观花地被植物。黄金菊花朵金黄，花量大，非常适合地栽和盆栽，可广泛用于居住区、道路及公园绿地，也是作为花篱、花境的理想配置材料。

12. 双荚决明

双荚决明是豆科番泻决明属直立灌木（见图3.30）。原产美洲热带地区，全世界热带地区都有栽培。双荚决明喜光，耐寒，适应性较广，耐干旱瘠薄的土壤，有较强的抗风、防尘和防烟雾的能力，容易栽培。尤其适应在肥力中等的微酸性土壤或红壤中生长。

双荚决明多分枝，无毛。有小叶3~4对，小叶倒卵形或倒卵状长圆形，膜质，顶端圆钝，基部渐狭，偏斜，下面粉绿色，侧脉纤细，在近边缘处呈网结；在最下方的一对小叶间有黑褐色线形而钝

图3.30　双荚决明

头的腺体1枚。总状花序生于枝条顶端的叶腋间，常集成伞状花序，长度约与叶相等。花鲜黄色；雄蕊10枚，7枚能育，3枚退化而无花药，能育雄蕊中有3枚特大，高于花瓣，4枚较小，短于花瓣。荚果圆柱状，膜质，直或微曲，缝线狭窄；种子2列。

双荚决明开花、结果早，花色艳丽迷人，花期可以从6月一直延续到11月，总状花序硕大，花朵金黄，景观效果极佳。其树姿优美，枝叶茂盛，夏秋季盛开的黄色花序布满枝头，成为一道优美的风景线，是城乡行道和庭院的优良绿化树种。双荚决明常常植于池边、路旁、广场、公园和草地边缘，也可点缀在草坪中间。该种结实性较强，花后会有大量长长的果荚悬挂枝头，成熟后变黑色，种子繁殖比较容易。

（四）常见蓝色品种

1. 鼠尾草

鼠尾草是唇形科鼠尾草属一年生或多年生草本植物（见图3.31）。原产于欧洲南部与地中海沿岸地区，在中国主要分布于浙江、安徽、江苏、江西、湖北、福建、台湾、广东、广西等地。生于山坡、路旁、荫蔽草丛、水边及林阴下。喜温暖、光照充足、通风良好的环境。生长适温为15~22℃。耐旱，但不耐涝。不择土壤，喜石灰质丰富的土壤，排水良好、土质疏松的中性或微碱性土壤种植为宜。

图3.31　鼠尾草

鼠尾草须根密集。茎直立，高 40~60 厘米，呈丛生状，钝四棱形，沿棱疏被长柔毛或近无毛。叶对生，长椭圆形，绿色叶脉明显，两面无毛，下面具腺点。轮伞花序 2~6 朵花，组成伸长的总状花序或分枝组成总状圆锥花序，花序顶生。苞片及小苞片披针形，全缘，先端渐尖，基部楔形，两面无毛。花梗被短柔毛；花序轴密被具腺或无腺疏柔毛。花萼筒形，外面疏生具腺柔毛，内面在喉部有白色的长硬毛毛环，二唇形。唇裂达花萼长 1/3，上唇三角形或近半圆形，全缘，先端具 3 个小尖头，下唇与上唇近等长。花冠淡红、淡紫、淡蓝或白色，外面密被长柔毛，冠筒直伸，冠檐二唇形，上唇椭圆形或卵圆形，先端微缺，3 裂，中裂片较大，倒心形，边缘有小圆齿，侧裂片卵圆形，较小。能育雄蕊 2 枚，外伸，直伸或稍弯曲，上臂长，二下臂瘦小。花柱外伸，先端不相等 2 裂，前裂片较长。

鼠尾草属植物种类繁多，绝大多数都具有极高的观赏价值。常见的品种有天蓝鼠尾草、深蓝鼠尾草、墨西哥鼠尾草、林阴鼠尾草等。近年来，各种宿根矮生型鼠尾草新品种层出不穷，它们在园林绿化方面可做盆栽，用于花坛、花境和园林景点的布置。同时，可点缀于岩石旁、林缘空隙地，摆放于自然建筑物前和小庭院。因适应性强，临水岸边也能种植鼠尾草，群植效果甚佳，适宜公园、风景区林缘坡地、草坪一隅、河湖岸边布置，既可绿化城市，也可闻香。大型鼠尾草适合孤植、列植、盆栽等，矮生型则更适合片植、地被之用。许多地方用鼠尾草和柳叶马鞭草取代薰衣草做蓝色花海，景观效果同样惊艳。

2. 鸢尾

鸢尾属鸢尾科鸢尾属多年生草本，是世界三大宿根花卉之一（见图 3.32）。原产于中国及日本，主要分布在中国中南部。鸢尾可供观赏，花香气淡雅，生长于海拔 800~1800 米的灌木林缘、阳坡地及水边湿地，已在庭园久经栽培。

鸢尾根状茎粗壮，分枝斜伸；须根较细而短。叶基生，黄绿色，稍弯曲，中部略宽，宽剑形，顶端渐尖或短渐尖，基部鞘状，有数条不明显的纵脉。花茎光滑，高20~40厘米，顶部常有1~2个短侧枝，中、下部有1~2枚茎生叶；苞片2~3枚，绿色，草质，边缘膜质，色淡，披针形或长卵圆形，顶端渐尖或长渐尖，内包含有1~2朵花。花蓝紫色，花梗甚短；花被管细长，上端膨大成喇叭形，外花被裂片圆形或宽卵形，顶端微凹，爪部狭楔形，中脉上有不规则的鸡冠状附属物，呈不整齐的繸状裂，内花被裂片椭圆形，花盛开时向外平展，爪部突然变细；雄蕊花药鲜黄色，花丝细长，白色；花柱分枝扁平，淡蓝色，顶端裂片近方形，有疏齿，子房纺锤状圆柱形。蒴果长椭圆形或倒卵形，有6条明显的肋，成熟时自上而下3瓣裂。

图3.32　鸢尾

鸢尾种类繁多，花色多样，叶片碧绿青翠，花形大而奇，宛若翩翩彩蝶，是庭园中的重要花卉之一，也是优美的盆花、切花和花坛用花。其花色丰富，花型奇特，是花坛及庭院绿化的良好配置材料，也可用作地被植物。传统的鸢尾品种有“鸢尾”“蝴蝶花”，前者花色较纯，为蓝色，适合用作地被，耐半阴环境；后者花色以白色为主，点缀蓝晕，同样适合在半阴、全光照条件下种植。

近年来，常绿鸢尾应用逐渐发展，主要品种有路易斯安那鸢尾，该种半常绿，植株较高大，耐水湿，也耐干旱，花色丰富；西伯利亚鸢尾原产西伯利亚，耐寒耐热性较好，比较适合江南地区种植，该种叶片纤细，植株挺拔，花朵艳丽，病虫害少，是目前比较流行的鸢尾类型。

3. 柳叶马鞭草

柳叶马鞭草是马鞭草科马鞭草属植物（见图 3.33）。原产于南美洲的巴西、阿根廷等地。喜阳光充足环境，怕雨涝。喜温暖气候，生长适温为 20~30℃，不耐寒，10℃以下生长较迟缓，0℃以下叶片枯萎，根系宿存，翌年重新发出。对土壤要求不严，可生长在强

图3.33 柳叶马鞭草

酸性土壤中，也可生长在贫瘠、含砂砾等土壤中，在土层深厚、肥沃的土壤及沙壤土中长势良好、健壮。喜欢干燥环境，耐旱能力较强，需水量中等。

柳叶马鞭草株高100~150厘米，多分枝，花为聚伞穗状花序，小筒状花着生于花茎顶部，顶生或腋生；花小，花朵由5枚花瓣组成，群生最顶端的花穗上，花冠呈紫红色或淡紫色，花色鲜艳。生长初期叶为椭圆形，边缘有缺刻，就像不整齐的锯齿，两面有粗毛，花茎抽高后叶转为细长型如柳叶状，边缘仍有尖缺刻，穗状花序顶生或腋生，细长如马鞭，所以被称为马鞭草。柳叶马鞭草的茎为正方形，全株都有纤细的茸毛，花葶虽高却不易倒伏。生长季节边发新枝边开花，花色柔和，开花植株分枝幅度可达40厘米，分层轮生4~8层。

柳叶马鞭草种子繁殖，抗性强，常常播种育苗，然后移栽定植。自然花期在4—6月，初花后重剪，补足肥水，很容易在国庆节前后二次开花。柳叶马鞭草经过多年的应用，证明其非常适合在浙江种植，如管理到位，可以年年丰花，打造类似于薰衣草一样的花海，景观效果极佳。

柳叶马鞭草摇曳的身姿，娇艳的花色，繁茂而长久的观赏期，花色柔和常大片种植以营造景观效果，也适合与其他植物配置，在景观布置中应用非常广泛，常被用于疏林、植物园和别墅区的景观布置。在庭院绿化中，柳叶马鞭草也可沿路带状栽植，在分隔庭院空间的同时，还可以丰富路边风景。柳叶马鞭草也常用于园路边、滨水岸边、墙垣边群植，其景观效果也佳；也可作为花境的背景材料。在柳叶马鞭草下层配置地肤、长药八宝、碧冬茄、醉蝶花、百合等花卉，可优化景观层次。该种常在一些景区替代薰衣草种植。

4.矢车菊

矢车菊为菊科矢车菊属一年生或二年生草本植物(见图3.34)。主要分布于欧洲、北美洲等地，中国主要分布在新疆、青海、甘肃、

图3.34　矢车菊

陕西、河北、山东、江苏、湖北、广东、西藏等地。矢车菊适应性较强，喜欢阳光充足的环境，不耐阴湿，须栽在阳光充足、排水良好的地方。矢车菊较耐寒，喜冷凉，忌炎热；喜肥沃、疏松和排水良好的沙质土壤。

矢车菊高30~70厘米或更高，直立，自中部分枝，极少不分枝。全部茎枝灰白色，被薄蛛丝状卷毛。基生叶及下部茎叶长椭圆状倒披针形或披针形，不分裂，边缘全缘无锯齿或边缘疏锯齿至大头羽状分裂，侧裂片1~3对，长椭圆状披针形、线状披针形或线形，边缘全缘无锯齿，顶裂片较大，长椭圆状倒披针形或披针形，边缘有小锯齿。中部茎叶线形、宽线形或线状披针形，顶端渐尖，基部楔状，无叶柄，边缘全缘无锯齿，上部茎叶与中部茎叶同形，但渐小。全部茎叶两面异色或近异色，上面绿色或灰绿色，被稀疏蛛丝毛或脱毛，下面灰白色，被薄茸毛。头状花序多数或少数在茎枝顶端排成伞房花序或圆锥花序。总苞椭圆状，有稀疏蛛丝毛。总苞片约7层，全部总苞片由外向内呈椭圆形、长椭圆形。全部苞片顶端有浅褐色或白色的附属物，中外层附属物较大，内层稍小，全部附属物沿苞片短下延，边缘流苏状锯齿。边花增大，超长于中央盘花，蓝色、白色、红色或紫色，盘花浅蓝色或红色。瘦果椭圆形，有细条纹，被稀疏的白色柔毛。冠毛白色或浅土红色，2列，外列多层，向内层渐长，长达3毫米，内列1层，极短；全部冠毛刚毛状。

矢车菊原是一种野生花卉，经过人们多年的培育，它的花变大，颜色也变多了，有紫色、蓝色、浅红色、白色等，其中紫色和蓝色最为名贵。矢车菊一般秋季播种，越冬后会迅速生长，抽薹开花。花朵纯蓝，色彩明亮，花开成片，温馨浪漫，涌动着异域风情。矢车菊高性种植株挺拔，花梗长，适于作为切花材料，也可作为花境材料；还可以与其他草花相隔布置花坛及花境，或片植于路旁或草坪内。矢车菊矮性种仅高20厘米，可用于花坛、草地镶边或盆花观赏，株型飘逸，花态优美，非常自然。

5. 风铃草

风铃草是桔梗科风铃草属多年生宿根草本植物（见图3.35），原产于南欧，中国多地有引种栽培。风铃草喜夏季凉爽、冬季温和的气候，喜光照充足环境，可耐半阴。风铃草对温度比较敏感，生长适温为13~18℃，发芽适温为20~22℃，温度低于2℃时，则停止生长，茎叶开始枯黄。28℃以上的高温对植株生长不利，30~35℃以上的高温会使植株叶片变黄脱落，甚至使全株枯萎。风铃草对土壤要求不严，以含丰富腐殖质、疏松透气的沙质土壤为宜。基质pH值在5.5~6.2为宜。风铃草喜干耐旱，忌水湿。

风铃草株高50~120厘米，多毛。茎粗壮、直立，基生。叶簇生，卵形至倒卵形，叶缘具波状钝锯齿，表面粗糙，叶柄具翅，茎生。叶小而无柄。小花1~2朵聚生成总状花序。花冠钟形，长约6厘米，5裂，基部稍膨大，有白色、蓝色和紫等色；花萼上生有刚

图3.35　风铃草

毛状纤毛，花萼与子房贴生，裂片5枚，花冠5裂；雄蕊着生于花筒基部，花丝基部扩大成片状，花药长棒状，柱头3~5裂，子房下位，3~5室。蒴果，带有宿存的花萼裂片。

我国也有野生风铃草属分布，但是尚未驯化成园艺品种，故市场销售品种均为进口。风铃草株形粗壮，花朵钟状似风铃，花色明丽素雅，是园林中常见的冬、春季草花，也适合庭院栽培或制作大中型盆栽，可布置于客厅、阳台等处。

6. 大花飞燕草

大花飞燕草为毛茛科翠雀属的多年生草本植物（见图3.36）。中国各地区均有栽培。蓝色大花飞燕草为园艺杂交品种，喜凉怕热，属于早春开花植物。较耐寒、喜阳光、怕暑热、忌积涝，可生长在半阴处，花期需照射充分阳光。宜在深厚肥沃的沙质土壤上生长，也能耐旱，在水湿地段一般能生长良好，土壤pH值以5.5~6.0为宜。

大花飞燕草茎高约60厘米，花序均无毛或疏被弯曲的短柔毛，

图3.36　大花飞燕草

中部以上分枝。茎下部叶有长柄，在开花时多枯萎，中部以上叶具短柄；叶片掌状细裂，狭线形小裂片宽 0.4~1 毫米，有短柔毛。花序生茎或分枝顶端；下部苞片叶状，上部苞片小，不分裂，线形；花梗长 0.7~2.8 厘米；小苞片生花梗中部附近，小条形；萼片紫色、粉红色或白色，宽卵形，外面中央疏被短柔毛；花瓣 3 裂，中裂片长约 5 毫米，先端 2 浅裂，侧裂片与中裂片成直角展出，卵形；花药长约 1 毫米。蓇葖长达 1.8 厘米，直，密被短柔毛，网脉稍隆起，不太明显。

大花飞燕草花形别致，色彩淡雅。总状花序顶生，长达 1 米，花径约 4 厘米，蓝色花朵密生花序上，无论盆栽还是花境、花坛应用，都极具视觉冲击力，本种也可以作为切花应用。

7. 诸葛菜

诸葛菜别称二月兰，是十字花科诸葛菜属二年生草本植物（见图 3.37）。分布于中国的辽宁、河北、山西、山东、河南、安徽、江苏、浙江、湖北、江西、陕西、甘肃、四川等地区，朝鲜也有分布。生长在平原、山地、路旁或地边。适应性强，耐寒，萌发早，喜光，对土壤要求不严，酸性土和碱性土均可生长，但在疏松、肥沃、土层深厚的地块，其根系发达，生长良好，产量高。本种叶形多变，花色以蓝色为基本色调，鲜见白色和粉红色花朵，不同的立地条件会对花色造成一定的影响。

诸葛菜植株高10~50厘米，无毛；茎单一，直立，基部或上部稍有分枝，浅绿色偶带紫色。基生叶及下部茎生叶大头羽状全裂，顶裂片近圆形或短卵形，顶端钝，基部心形，有钝齿，侧裂片卵形或三角状卵形，越向下越小，叶轴上偶有极小裂片，全缘或有牙齿，叶柄疏生细柔毛；上部叶长圆形或窄卵形，顶端急尖，基部耳状，抱茎，边缘有不整齐小齿。花紫色、浅红色或褪成白色；花梗

图3.37　诸葛菜

长5~10毫米；花萼筒状，紫色；花瓣宽倒卵形，密生细脉纹。长角果线形，具4棱，裂瓣有凸出中脊。

诸葛菜自播能力强，一般种植1次，后续即可自播繁衍。诸葛菜成片生长，早春季节开花繁茂，既能形成壮观的蓝色花海，又能作为地被覆盖土壤，夏季枯萎后还可以作为良好的绿肥改良土壤，提高地力，是一种非常优良的二年生花卉。

8. 桔梗

桔梗是桔梗科桔梗属多年生草本植物（见图3.38）。在中国的东北、华北、华东、华中地区均有种植；另外，华南的广东、广西，西南的贵州、云南、四川，西北的陕西也有种植；朝鲜、日本、俄罗斯等也有种植。喜凉爽气候，耐寒、喜阳光。宜栽培在丘陵地带的砂质壤土中，以富含磷、钾肥的中性土生长较好。

桔梗茎高20~120厘米，通常无毛，偶密被短毛，不分枝，极少上部分枝。叶全部轮生，部分轮生至全部互生，无柄或有极短的

图3.38　桔梗

柄。叶片卵形，卵状椭圆形至披针形，基部宽楔形至圆钝，急尖，上面无毛，绿色，下面常无毛而有白粉，有时脉上有短毛或瘤突状毛，边顶端缘具细锯齿。花单朵顶生，或数朵集成假总状花序，或有花序分枝而集成圆锥花序。花萼钟状5裂片，被白粉，裂片三角形，或狭三角形，有时齿状。花冠大，蓝色、紫色或白色。蒴果球状，或球状倒圆锥形，或倒卵状。

桔梗夏季开花，花朵以单瓣为主，花色纯蓝。植株耐阴，也耐全光照。原种桔梗植株容易倒伏，需要前期做摘心处理。现在园艺品种众多，抗倒伏能力较强，但是没有原生种抗性强。可根据不同的应用场景，选择进口品种或者国产原种进行培育。桔梗作为纯净的蓝色花卉，目前应用较少，作为宿根植物，极具开发前景。

（五）常见黑色品种

1. 三色堇

三色堇是堇菜科堇菜属的二年或多年生草本植物。较耐寒，喜凉爽，忌高温和积水，耐寒抗霜，昼温若连续在30℃以上，则花芽消失，或不形成花瓣；昼温持续在25~30℃时，只开花不结实，即使结实，种子也发育不良。根系可耐−15℃低温，但低于−5℃时，叶片受冻边缘变黄。日照时间比光照强度对开花的影响大，日照不良，则开花不佳。喜肥沃、排水良好、富含有机质的中性土壤或黏性土壤，土壤pH值宜为5.4~7.4。

三色堇茎高10~40厘米，全株光滑。地上茎较粗，直立或稍倾斜，有棱，单一或多分枝（见图3.39）。基生叶叶片长卵形或披针形，具长柄；茎生叶叶片卵形、长圆状圆形或长圆状披针形，先端圆或钝，基部圆形，边缘具稀疏的圆齿或钝锯齿，上部叶叶柄较长，下部叶叶柄较短；托叶大型，椭圆状，羽状深裂。花大，直径3.5~6厘米，每个茎上有花3~10朵；花梗稍粗，单生叶腋，上部具2枚对生的小苞片；小苞片极小，卵状三角形；萼片绿色，长圆

图3.39　黑色三色堇

状披针形，先端尖，边缘狭膜质，基部附属物发达，边缘不整齐；子房无毛，花柱短，基部明显膝曲，柱头膨大，呈球状，前方具较大柱头孔。

经过长期的选育，三色堇品种繁多，既有耐热型的，也有耐寒型的。花色方面，三色堇色彩十分丰富，几乎所有的园艺色彩都能在三色堇中找到，如黑色三色堇“黑杰克”，其是常见的应用类型。三色堇在庭院布置中常地栽于花坛，可制作毛毡花坛、花丛花坛，成片、成线、成圆镶边栽植都很相宜；还适宜布置花境、草坪边缘。不同的品种与其他花卉配合栽种能形成独特的早春景观。另外，也可制作盆栽或布置阳台、窗台、台阶，或点缀居室、书房、客堂，颇具新意，饶有雅趣。

2. 郁金香

郁金香是百合科郁金香属的多年生草本植物，具鳞茎。郁金香原产于欧洲，是土耳其、荷兰、匈牙利等国的国花。郁金香属长日照花卉，喜向阳、避风，冬季温暖湿润，夏季凉爽干燥的气候。8℃以上即可正常生长，一般可耐−14℃低温。耐寒性很强，严寒地区如有厚雪覆盖，鳞茎可露地越冬。怕酷暑，如果夏天来得早，又很炎热，则鳞茎休眠后难以度夏。要求腐殖质丰富、疏松肥沃、排水良好的微酸性沙壤土，忌碱土和连作。

郁金香鳞茎偏圆锥形，直径2~3厘米，外被淡黄至棕褐色皮膜，内有肉质鳞片2~5枚。茎叶光滑，被白粉。叶3~5枚，带状披针形至卵状披针形，全缘并成波形，常有毛，其中2~3枚宽广而基生。花单生茎顶，大型，直立杯状，基部具有墨紫斑，花被片6枚，离生，倒卵状长圆形，花丝无毛，无花柱，柱头增大呈鸡冠状。

黑色郁金香是郁金香属珍贵的品种（见图3.40），已经面世的有“黑马”“黑鹦鹉”“黑皇后”等常见黑色品种，新颖奇特，颇受花卉

图3.40　黑色郁金香

爱好者的喜爱。

3.黑花鸢尾

约旦沙漠地区生长着一种近乎黑色的鸢尾资源，名为黑花鸢尾（见图3.41）。黑花鸢尾为鸢尾科鸢尾属的多年生草本植物，最佳的生长环境是海拔700~900米，排水性良好的沙质土壤。黑花鸢尾生长需日照8个小时以上，温度不能太低，潮湿及霜都会影响其生长。

黑花鸢尾植株高35厘米，植株基部围有老叶残留的膜质叶鞘及纤维。根状茎粗壮，分枝直径约1厘米，斜伸；须根较细且短。叶基生，黄绿色，稍弯曲，中部略宽，宽剑形，顶端渐尖或短渐尖，基部鞘状，有数条不明显的纵脉。花茎光滑，苞片2~3枚，绿色，草质，边缘膜质，色淡，披针形或长卵圆形，内包含1~2朵花；花形似兰，花色深紫近黑；花梗甚短；花被管细长，上端膨大成喇叭形，

图3.41　黑花鸢尾

外花被裂片圆形或宽卵形，顶端微凹，爪部狭楔形，中脉上有不规则的鸡冠状附属物，成不整齐的繸状裂，内花被裂片椭圆形，花盛开时向外平展，爪部突然变细；花瓣有6枚，3枚在外成下垂状，3枚在内向上矗立。具光泽，每枚花瓣都呈黑色，有深色斑点，在沙漠风中闪闪发光。花瓣具有质感，线条清晰，有细腻透明的纹理。

黑花鸢尾花形似兰，神秘高贵，摇曳在山风中的仪姿，具有极高的观赏价值。每年的3—4月，深紫色近乎黑色的鸢尾花，在约旦到处绽放，成为各国旅游者争相观赏的对象。

4.黑色矮牵牛

黑色矮牵牛又称黑色碧冬茄，已经在园林绿化中较广泛的应用（见图3.42），该品种是2015年前后由英国育种家率先培育出来的纯黑色矮牵牛品种，代表品种为黑色天鹅绒，样貌十分惊艳。矮牵

图3.42　黑色矮牵牛

牛为种子繁殖花卉，很容易获得杂交后代。因此，黑色系矮牵牛常应用在园林中。

此外，铁筷子、贝母、百合、马蹄莲等球根花卉和宿根花卉也都有黑色系，也是市场可见但受众范围较小常见的黑色系花卉之一。

（六）常见观叶品种

1.火焰卫矛

火焰卫矛属卫矛科卫矛属落叶小灌木（见图3.43），养护管理较容易，适应性强，耐寒。全光或遮阴都可生长，对土壤要求不严格。耐低温，可在北至辽宁，南至湖南、贵州等区域内生长。

图3.43　火焰卫矛

火焰卫矛植株高1~3米；小枝常具2~4列宽阔木栓翅；冬芽圆球形，芽鳞边缘具不整齐细坚齿。叶卵状椭圆形、窄长椭圆形，偶为倒卵形，边缘具细锯齿，两面光滑无毛。聚伞花序1~3朵；花序梗长约1厘米，小花梗长约5毫米；花白绿色，数4；萼片半圆形；花瓣近圆形；雄蕊着生花盘边缘处，花丝极短，开花后稍增长，花药宽阔长方形，2室顶裂。蒴果1~4深裂，裂瓣椭圆状。

火焰卫矛从欧洲被引进中国，凭借其秋天出色的亮红色叶片，并且可持续数月，在园林行业被评为高档苗木之一。火焰卫矛深秋叶色火红，其余季节叶片挺拔，为绿色，是非常漂亮的秋冬彩叶观赏植物。火焰卫矛作为背景植物栽种，或2~3株成堆栽植，或单株孤植，有的旁边配以绿色或金色的低矮松柏类植物，或是一些阔叶的小灌木，不同色彩、不同种类的植物相互搭配，既丰富了园林种类，符合生物多样性的需求，又可打破木本植物相对单调的色彩。火焰卫矛用于花境时，花境的中间层次可种植些宿根花卉，最前面是花色艳丽的一二年生草花，而火焰卫矛的亮丽叶色，不逊于鲜艳的草花，其整株秋冬季的耀眼色彩，更能吸引人们的眼球，使得整个花境层次丰富、色彩明快。

2. 矾根

矾根是虎耳草科矾根属草本花卉（见图3.44）。原产于北美，中国各地都有引种栽培。性耐寒，喜阳光，也耐半阴，在肥沃排水良好、富含腐殖质的土壤中生长良好。冬季温暖地区叶子四季不凋，覆盖力强。

矾根属植物是常见的地被类宿根花卉，以观叶为主。浅根性，叶基生，叶片阔心型，深紫色，颜色各异，成熟叶片长20~25厘米，在温暖地区常绿；花很小，呈钟状，花茎红色，两侧对称，花序复总状。

矾根株姿优雅，花色鲜艳，是花坛、花境、花带等景观配置的理想材料。在居住区的焦点区域，矾根丰富的叶色可配植成各种各样的花坛图案，一些低矮的品种也可配植成花坛的镶边材料。在居住区入口附近、建筑物步道两侧等，矾根可配植成亮丽的花境、花

图3.44　矾根

带。在居住区群落配置上，矾根亦可作林下片植。同时，矾根盆栽造景不仅可以美化环境，还可以丰富视觉享受。

矾根品种繁多，叶片形状多变，在适合的种植区域，可以四季观叶，覆盖效果非常好。矾根在浙江被广泛种植和应用，但是浙江初夏湿热，仲夏干热，非常不利于矾根生长，因此往往不能顺利越夏，常作为一年生草花应用。但是随着品种的丰富，近年来也筛选出了较适应本地气候的品种，不过依然需要营造良好的小气候才能使它们顺利越夏。

3. 玉簪

玉簪为百合科玉簪属植物，是我国的原产花卉，也是常见的地被类宿根花卉，以观叶为主（见图 3.45）。玉簪属于典型的阴性植物，喜阴湿环境，受强光照射则叶片变黄、生长不良，喜肥沃、湿润的沙壤土，性极耐寒，中国大部分地区均能在露地越冬，地上部分经霜后枯萎，翌春又会萌发新芽。忌强烈日光暴晒。生长适宜温度为 15~25℃。入冬后地上部分枯萎，休眠芽露地越冬。

图3.45　玉簪

玉簪根状茎粗厚，叶卵状心形、卵形或卵圆形，先端近渐尖，基部心形，具 6~10 对侧脉；叶柄长 20~40 厘米。花葶高 40~80 厘米，具几朵至十几朵花；花的外苞片卵形或披针形；内苞片很小；花单生或 2~3 朵簇生，白色；花梗长约 1 厘米；雄蕊与花被近等长或略短，基部 15~20 毫米贴生于花被管上。蒴果圆柱状，有 3 棱。

玉簪叶娇莹，花苞似簪，色白如玉，清香宜人，是中国古典庭院中重要花卉之一。园林中最常应用的两个品种为紫萼和白花玉簪，前者花朵蓝紫色，无香味；后者花朵洁白无瑕，芳香四溢。近年来，欧美新优玉簪品种大量进入我国，极大地丰富了玉簪品种群，常见的进口品种有大型、微型、金边、金心等各种观赏类型。在现代庭院中多配植于林下草地、岩石园或建筑物背面，也可三两成丛点缀于花境中，还可以盆栽布置于室内及廊下。

一般而言，玉簪普遍不耐全光照。因此，入夏以后，都要对其进行遮阳处理，在园林应用中，也要种植在散射光条件下，否则叶片容易因灼伤而干枯。

4.红朱蕉

红朱蕉是原产澳大利亚的龙舌兰百合科观叶植物，中小型灌木（见图 3.46）。红朱蕉株形美观，叶片色彩华丽高雅，具有较好的观

图3.46　红朱蕉

赏性。性喜高温、多湿气候，属喜阴植物，基本上可以在长江以南地区安全越冬，要求富含腐殖质和排水良好的酸性土壤，忌碱土，植于碱性土壤中叶片易黄，新叶失色，不耐旱。

红朱蕉灌木状，直立，高1~3米。茎粗1~3厘米，有时稍分枝。叶聚生于茎或枝的上端，矩圆形至矩圆状披针形，绿色或带紫红色，叶柄有槽，基部变宽，抱茎。圆锥花序长30~60厘米，侧枝基部有大的苞片，每朵花有3枚苞片；花梗通常很短，外轮花被片下半部紧贴内轮而形成花被筒，上半部在盛开时外弯或反折；雄蕊生于筒的喉部，稍短于花被；花柱细长。

红朱蕉近年来在花境、庭院绿化中被广泛应用。其叶片暗红或古铜色，可一年四季保持该色彩，植株挺直，叶片细长如剑，生长缓慢。盆栽适用于室内装饰。盆栽幼株，点缀客室和窗台，优雅别致。成片摆放于会场、公共场所、厅室出入处，端庄整齐，清新悦目。数盆摆设于橱窗、茶室，更显典雅豪华，所以越来越多的绿化项目利用该品种作为色彩搭配的点睛之笔。

5.黑魔法芋

黑魔法芋属天南星科的植物，原产自澳大利亚（见图3.47）。黑魔法芋植物汁液里含有一种有毒物质，具有强烈的刺激性。

黑魔法芋是原产热带的观叶芋，属于多年生块茎植物，少见结果。适宜肥沃、排水性良好的土壤。盆栽可以选用腐叶土或者泥炭土。喜半阴环境，避免强烈光暴晒。如果光照过于强烈就会造成叶片粗糙、出现斑点；若光照过弱，植株会很纤细。生长适宜温度为25~35℃，最低温度不要低于15℃，3—9月温度控制在22~27℃，9月至翌年3月温度控制在16~22℃。

黑魔法芋叶形奇特，叶片硕大，色彩稀有，终年常绿，极富热带气息，是非常好的室内外景观植物。需要注意的是，天南星科的很多植物汁液，往往具有毒性，人们应该尽量避免接触其汁液，谨防引起皮肤不适。

图3.47　黑魔法芋

6. 黄栌

黄栌为漆树科黄栌属落叶小乔木或灌木，原产于中国西南、华北和华东；南欧、叙利亚、伊朗、巴基斯坦及印度北部亦产。黄栌性喜光，耐半阴，耐寒，耐干旱瘠薄和碱性土壤，不耐水湿，宜植于土层深厚、肥沃而排水良好的沙质土壤中。黄栌生长快，根系发达，萌蘖性强，对二氧化硫有较强抗性（见图 3.48）。

黄栌树冠圆形，高 3~8 米，木质部黄色，树汁有异味；单叶互生，叶片全缘或具齿，叶柄细，无托叶，叶倒卵形或卵圆形。圆锥花序疏松、顶生，花小、杂性，仅少数发育；不育花的花梗花后伸长，被羽状长柔毛，宿存；苞片披针形，早落；花萼 5 裂，宿存，裂片披针形：花瓣 5 枚，长卵圆形或卵状披针形，长度为花萼大小的 2 倍；雄蕊 5 枚，着生于环状花盘的下部，花药卵形，与花丝等长，花盘 5 裂，紫褐色；子房近球形，偏斜；花柱 3 裂，分离，侧

图3.48　黄栌

生而短，柱头小而退化。核果小，干燥，肾形扁平，绿色，侧面中部具残存花柱；外果皮薄，具脉纹，不开裂；内果皮角质；种子肾形，无胚乳。

黄栌是中国重要的观赏树种，树姿优美，茎、叶、花都有较高的观赏价值，特别是深秋，叶片经霜变，色彩鲜艳，美丽壮观；其果形别致，成熟果实色鲜红、艳丽夺目。著名的北京香山红叶、济南红叶谷、枣庄抱犊崮的红叶树多为该树种。近年来，花卉公司不断从国外引进新优品种，矮生型、红叶型黄栌品种不断涌现，大大丰富了黄栌的应用。黄栌虽然主要产于北方，但是在浙江各地也能较好地生长，不仅叶片存在明显的季相变化，而且黄栌在开花的时候，花序如烟似雾，又有“烟树”的美誉，因此无论观花，还是观叶，它都是优良的园林植物。

黄栌在园林造景中最适合于城市大型公园、天然公园、半山坡、山地风景区内群植成林，可以单纯成林，也可与其他红叶或黄叶树种混交成林；在造景宜表现群体景观。黄栌同样还可以应用在城市街头绿地，单位专用绿地、居住区绿地以及庭园中，宜孤植或丛植于草坪一隅、山石之侧、常绿树树丛前或单株混植于其他树丛间以及常绿树群边缘，从而体现其个体美和色彩美。

7. 地肤

地肤为藜科地肤属一年生草本（见图 3.49）。原产于欧洲及亚洲中部和南部地区，分布在亚洲、欧洲的大部分地区。地肤适应性较强，喜温，喜光，耐干旱，不耐寒，对土壤要求不严格，较耐碱性

图3.49　地肤

土壤。肥沃、疏松、含腐殖质多的土壤利于地肤旺盛生长。

地肤高50~100厘米。株丛紧密，株形呈卵圆至圆球形、倒卵形或椭圆形，分枝多而细，具短柔毛。茎直立，圆柱状，淡绿色或带紫红色，有多数条棱，稍有短柔毛或下部几无毛；分枝稀疏，斜上。叶为平面叶，披针形或条状披针形，无毛或稍有毛，先端短渐尖，基部渐狭入短柄，通常有3条明显的主脉，边缘有疏生的锈色绢状缘毛；茎上部叶较小，无柄。花两性或雌性，疏穗状或圆锥状花序，花下有时有锈色长柔毛；花被近球形，淡绿色，花被裂片近三角形，无毛或先端稍有毛；翅端附属物三角形至倒卵形，有时近扇形，膜质，脉不很明显，边缘微波状或具缺刻；花丝丝状，花药淡黄色；柱头2裂，丝状，紫褐色，花柱极短。胞果扁球形，果皮膜质，与种子离生。植株为嫩绿，秋季叶色变红。

地肤在北方地区是一种乡间杂草，春季其嫩芽嫩叶通常用来做野菜食用，十分受人们欢迎。经过育种专家的培育，地肤的品种也非常丰富，园林应用主要做观叶景观。尤其是秋季气温降低后，叶片颜色由绿转红，一丛丛，像极了小山包或者小馒头，十分惹人喜爱。在排水良好，降水较少的地方，也能够营造震撼人心的景观效果。

（七）常见观果品种

1.北美冬青

北美冬青是冬青科冬青属多年生落叶灌木（见图3.50）。原产于北美地区，在欧美各国已得到广泛栽培，我国杭州、郑州、吉林、威海等地均有引种栽培。北美冬青多生长在沼泽、潮湿灌木区和池塘边等低洼区，也能生长在较干燥的过渡区域和山地。北美冬青野生型属林下灌木，耐半阴。栽培种全光照最适宜其开花结果，喜肥沃疏松、微酸性到中性土壤（pH值为4.5~6.5），弱碱性土壤亦能适应。喜温暖湿润环境，不耐持续干旱，但有较强的耐湿性和抗寒性，部分品种甚至能抵御−30℃低温。

图3.50　北美冬青

北美冬青树高2~3米，属浅根性树种，主根不明显，须根发达；单叶互生，长卵形或卵状椭圆形，具硬齿状边缘，叶片表面无毛，绿色，嫩叶古铜色，叶背面多毛，略白；为雌雄异株植物，花乳白色，复聚散花序，着生于叶腋处，雌花3~6朵，3朵居多，雄花几十朵聚生叶腋；核果浆果状，红色，2~3果丛生，单果种子数为4~6粒。

北美冬青的观赏特性主要是果实和树形。北美冬青的果实，红色果占绝大部分，结果期长达半年。北美冬青不仅能观叶，而且能观果，观赏期从秋季开始直到翌年3月左右，而且冬季落叶不落果。绿化时，可栽植在庭前屋后、公园草坪道旁，以及山石、水丘之间。和常绿树种搭配，红果绿叶相映成趣。而在冬季下雪的地区，红果白雪互相衬托，是一种良好的秋冬观果树种，也是冬季庭院美化的优良观赏树种。除了整体观赏效果非常好之外，还可以作为切枝和盆花来观赏，在园林上有着广泛的用途。

北美冬青被推介到中国市场之后，掀起了一股冬青热。虽然北美冬青冬季果实挂满枝头，秀色可餐，十分讨喜，也受到切花市场消费者的狂热追捧，但该种在浙江更加适合做种苗生产。露地种植时，由于浙江夏季雨水偏多，冬季气温偏高，北美冬青坐果和冬季果实表现不如北方，但要是管理得当，北美冬青还是可以表现出无可替代的观果效果。

2. 紫珠

紫珠是马鞭草科紫珠属落叶灌木。我国是紫珠的原产地之一，浙江各地均有野生品种分布。紫珠属亚热带植物，常生于林中、林缘及灌木丛中，喜温、喜湿，怕风、怕旱，适宜条件为年平均温度15~25℃，年降雨量1000~1800毫米，土壤以红黄壤为好，在阴凉的环境生长较好。

紫珠高约2米；小枝、叶柄和花序均被粗糠状星状毛(见图3.51)。叶片卵状长椭圆形至椭圆形，顶端长渐尖至短尖，基部楔形，边缘有细锯齿，表面干后暗棕褐色，有短柔毛，背面灰棕色，密被星状柔毛，两面密生暗红色或红色细粒状腺点。聚伞花序，花序梗长不超过1厘米；苞片细小，线形；花柄长约1毫米；花萼外被星状毛和暗红色腺点，萼齿钝三角形；花冠紫色，被星状柔毛和暗红色腺

图3.51　紫珠

点；雄蕊长约6毫米，花药椭圆形，细小，药隔有暗红色腺点，药室纵裂；子房有毛。果实球形。

紫珠株形秀丽，花色绚丽，果实色彩鲜艳，珠圆玉润，犹如一颗颗紫色的珍珠，是一种既可观花又能赏果的优良花卉品种，常用于园林绿化或庭院栽种，也可制作盆栽观赏。还可剪下其果穗瓶插或作为切花材料。

3. 火棘

火棘为蔷薇科火棘属常绿灌木或小乔木（见图3.52）。分布于中国黄河以南地区。国外已培育出许多优良的栽培品种。火棘喜强光，耐贫瘠，抗干旱，耐寒；生长温度可低至−16℃。对土壤要求不严，以排水良好、湿润、疏松的中性或微酸性壤土为好。

图3.52　火棘

火棘高达3米；侧枝短，先端成刺状，嫩枝外被锈色短柔毛，老枝暗褐色，无毛；芽小，外被短柔毛。叶片倒卵形或倒卵状长圆形，先端圆钝或微凹，有时具短尖头，基部楔形，下延连于叶柄，边缘有钝锯齿，齿尖向内弯，近基部全缘，两面皆无毛；叶柄短，无毛或嫩时有柔毛。花集成复伞房花序，花梗和总花梗近于无毛，花梗长约1厘米；花直径约1厘米；萼筒钟状，无毛；萼片三角卵形，先端钝；花瓣白色，近圆形；雄蕊20枚，花药黄色；花柱5裂，离生，与雄蕊等长，子房上部密生白色柔毛。果实近球形，橘红色或深红色。

火棘树形优美，春季小花密集开放，雪白成瀑，冬季叶片脱落，红果满枝，成串下垂，醒目且壮观。火棘有刺，不适合种植在行人容易接触的地方。火棘的观赏效果往往与树龄有关，树龄越长，植株越高大，小枝下垂，冬季果实转红后就越光彩夺目。

火棘在路边可以用作绿篱，美化、绿化环境。园林中，火棘作为球形布置可以采取拼栽，运用孤植、丛植等手法，错落有致地栽植于草坪之上，点缀于庭园深处。将火棘有规律地布置在道路两旁或中间绿化带，能起到良好的绿化美化和引导视线的作用。火棘耐修剪，主体枝干自然变化多端，其果枝也是插花材料，特别是在秋、冬两季配置菊花、蜡梅等进行传统的艺术插花。

（八）常见观枝品种

1.红瑞木

红瑞木为山茱萸科山茱萸属落叶灌木（见图3.53）。分布于我国黑龙江、吉林、辽宁、内蒙古、河北、陕西、甘肃、青海、山东、江苏、江西等地。生长于海拔600~1700米的杂木林或针阔叶混交林中。朝鲜、俄罗斯及欧洲其他地区也有分布。红瑞木喜欢潮湿温暖的生长环境，适宜生长为温度为22~30℃。红瑞木喜肥，在排水通畅、养分充足的环境中，生长速度非常快。

图3.53　红瑞木

红端木高达3米；树皮紫红色；幼枝有淡白色短柔毛，老枝红白色。冬芽卵状披针形，被灰白色或淡褐色短柔毛。叶对生，纸质，椭圆形，稀卵圆形，先端突尖，基部楔形或阔楔形，边缘全缘或波状反卷，上面暗绿色，有极少的白色平贴短柔毛，下面粉绿色，被白色贴生短柔毛，有时脉腋有浅褐色髯毛，细脉在两面微显。伞房状聚伞花序顶生，较密，被白色短柔毛；总花梗圆柱形，被淡白色短柔毛；花小，白色或淡黄色；花瓣卵状椭圆形，先端急尖或短渐尖，上面无毛，下面疏生贴生短柔毛；雄蕊着生于花盘外侧，花丝线形，微扁，花药淡黄色，卵状椭圆形，“丁”字形着生；花盘垫状；花柱圆柱形，柱头盘状，宽于花柱，子房下位，花托倒卵形，被灰白色短柔毛；花梗纤细，被淡白色短柔毛。核果长圆形，微扁，成熟时乳白色或蓝白色，花柱宿存；核棱形，侧扁，两端稍尖呈喙状，每侧有脉纹 3 条；果梗细圆柱形，有疏生短柔毛。

红瑞木是常见的观枝型色彩园艺品种，其春季新叶嫩绿，冬季枝条颜色醒目、干净，适合营造不同的季相变化景观。红端木秋叶鲜红，小果洁白，落叶后枝干红艳如珊瑚，是少有的观茎植物，也是良好的切枝材料。园林中多丛植于草坪上或与常绿乔木相间种植，得红绿相映之效果。目前，多见的观赏品种主要有“主教”“贝雷”“芽黄”等。“主教”在冬春时节枝条变为橙红色，秋叶亦为橙红色；“贝雷”在冬春时节枝条变为紫红色；“芽黄”在冬天枝条为鲜黄色。这些红瑞木冬季枝条颜色鲜艳，都具有很好的美化效果。

2. 金枝国槐

金枝国槐是豆科槐属槐的栽培品种（见图 3.54）。分布于北京、辽宁、陕西、新疆、山东、河南、江苏、安徽等地。金枝国槐耐旱、耐寒力较强，对土壤要求不严格，贫瘠土壤中也可生长，但腐殖质较多的肥沃土壤生长良好。

图3.54　金枝国槐

金枝国槐高达25米；树皮灰褐色，具纵裂纹。一年生枝条春季为淡绿色，秋季逐渐变成黄色、深黄色，二年生的树体呈金黄色，树皮光滑，羽状复叶叶轴初被疏柔毛，旋即脱净；叶柄基部膨大，包裹着芽；托叶形状多变，有时呈卵形，叶状，有时线形或钻状，早落；叶互生，羽状复叶，椭圆形，光滑，淡绿色、黄色、深黄色。锥状花序，顶生，花梗较短，花萼呈吊钟状，具灰色柔毛，花冠黄色，具短柄。荚果，串状，小苞片2枚，形似小托叶；花萼浅钟状，种子间缢缩不明显，种子排列较紧密，果皮肉质，成熟后不开裂。

金枝国槐是罕见的乔木型观枝色彩园艺品种。金枝槐树木通体呈金黄色，富贵、美丽，是公路、校园、庭院、公园等绿化的优良品种，具有较高的观赏价值。金枝国槐生长较普通国槐缓慢，在浙江地区种植要注意保护根系、避免积水，同时要注重防治蛀干害虫。

3. 紫竹

紫竹为禾本科刚竹属植物（见图3.55）。原产于中国的湖南、广西，印度、日本及欧美许多国家均有引种栽培。喜温暖、湿润气候，耐寒，能耐短时-20℃低温，耐阴、忌积水，对气候适应性强。紫竹好光而喜凉爽，年平均温度不低于15℃、年降水量不少于800毫米的地区都能生长，一般分布在海拔800米以下。对土壤的要求不严，以土层深厚、肥沃、湿润而排水良

图3.55　紫竹

好的酸性土壤为宜，过于干燥的沙荒石砾地、盐碱土或积水的洼地不能适应。

紫竹高4~8米，幼秆绿色，密被细柔毛及白粉，箨环有毛，一年生以后的秆先逐渐出现紫斑，最后全部变为紫黑色，无毛。箨鞘背面红褐或更带绿色，无斑点或常具极微小不易观察的深褐色斑点；箨耳长圆形至镰形，紫黑色，边缘生有紫黑色縫毛；箨舌拱形至尖拱形，紫色，边缘生有长纤毛；箨片三角形至三角状披针形，绿色，但脉为紫色，舟状，直立或稍开展，微皱曲或波状。末级小枝具2或3叶；叶耳不明显，有脱落性鞘口縫毛；叶舌稍伸出；叶片质薄。花枝呈短穗状，佛焰苞4~6枚，除边缘外无毛或被微毛，叶耳不存在，鞘口縫毛少或无，缩小叶细小，通常呈锥状或仅为一小尖头，亦可较大而呈卵状披针形。小穗披针形，具2或3朵小花；颖1~3片，偶尔无颖，背面上部多少具柔毛；外稃密生柔毛；内稃短于外稃；花药长约8毫米；柱头3枚，羽毛状。

紫竹长势旺盛、秀美挺拔，尤其是其罕见的黑色为园林植物所少见。宜种植于庭院山石之间或书斋、厅堂、小径、池水旁，也可栽于盆中，置于窗前或几上，别有一番情趣。可与黄槽竹、金镶玉竹、斑竹等秆具色彩的竹种同植于园中，为色彩增添更多变化。

复习思考题

1.一串红的生长习性有哪些?

2.简述红花石蒜的形态特征。

3.简述桔梗的形态特征。

二、场地选择

种苗培育，尤其是工厂化育苗基地，一般需要提前规划。良好的场地环境是培育优质种苗的基础和前提，也是避免或减少生产过程中病虫害发生、旱涝灾害的基础工作（见图 3.56）。工厂化生产尽量选择在种苗的主要销售区建立基地，这样既能减少物流成本，又能降低物流损耗。其中，以下两个条件至关重要。一是环境条件好。选择地势平坦、干燥、无高大树木的空旷场地；水源丰富，最好建有独立的循环水利用水池及增压设备，保证水质优良、水压正常；避免紧邻重型挂车、工程车必经之路，一方面因为这种道路损毁严重，交通不便，另一方面这种道路扬尘污染严重，给设施设备和种苗生产带来极大危害。二是地理位置好。尽量选择将基地建立在方便架设水电设备的地方，同时满足交通便利的条件，以方便种苗运输销售。此外，由于近年来人工成本的不断增加，基地建设还需要考虑丰富的劳动力资源，以减轻用工压力。

图3.56　标准化种苗生产基地

选择好育苗场地后，还需要考虑一系列配套设施的规划建设，比如办公区、仓库区、供电设备、加温设备、供水设备，如果是工厂化生产种苗，还需要配备催芽室、播种室等。园区道路要满足运输和机械通行的需求，主干道路宽6~7米，保证车辆交会时可以正常通行，设施间支路宽度至少3米，在政策允许条件下硬化路面。

土地是色彩园艺种苗培育的基础性生产资料，在进行种苗培育过程中尤其需要重视土地前期改造，否则会在后续生产中产生额外的改造成本。近年来，随着退林还耕政策的贯彻落实，土质肥沃、地势平坦的良田已经很少可以作为苗圃用地，一些不具有粮食、果蔬生产条件的土地被用来建园生产。这类土地往往存在盐渍化、沙质化、黏重化等问题，甚至有些是拆迁废弃地，建筑垃圾残留严重。在进行种苗生产之前，必须对这类土地进行土壤改良，其中客土填压是较好的改良方法，客土可以在短时间内实现土质更换。但是随着生态保护政策的实施，优质客土越来越少，这一改良方法在有些地方难以实施。土壤深翻也是一种较好的土壤改良方法，深翻可以使表层不适宜种植的土壤翻入地下，还可以增加土壤孔隙度，提高土壤通透性。此外，在长期未耕种的地块进行种苗生产，应该使用有机肥增加土壤有机质含量，也可以使用绿肥种植提升土壤有机质水平，如种植紫云英、白三叶、广布野豌豆等绿肥作物，可以有效改良土壤质地，也可以熟化土地，增加土壤有益微生物含量（见图3.57）。

复习思考题

1.花卉种苗培育如何选择工厂化育苗基地?

2.如何规划工厂化育苗基地的配套设施建设?

3.怎样做好工厂化育苗基地的土地前期改造?

图3.57　绿肥种植改良土壤

三、设施建设

保护地建立育苗设施，能够最大限度地提高土地利用率，缩短育苗周期，以避免一般性恶劣天气对种苗的危害，并且可以调节设施内温度和湿度，是目前花卉苗木领域最普遍的育苗形式。我国幅员辽阔，在不同的地区，对育苗设施的要求差异很大，在长江流域及以南地区，塑料大棚是主要的保护地栽培设施。

（一）塑料大棚的分类

1.加温方式

塑料大棚可以分为日光加温型和人工加温型。日光加温型塑料大棚全部采用阳光进行加温，节约能源。人工加温型大棚一般采用电热加温、蒸汽加温、地源热泵加温等多种形式，在长江流域，人工加温型大棚的发展受制于加温成本，很难在低效益种苗生产中应用，一般只在高附加值的产业或科研单位才有所应用。

2. 结构形式

塑料大棚可以分为单栋大棚和连栋大棚两种形式（见图 3.58—图 3.60）。单栋大棚建造简单，以拱圆形为主，阳光投射性好，防风防雪性能良好；连栋大棚是指 2 个或 2 个以上大棚连接在一起，形成一个内部空间连通、开阔的棚体结构。连栋大棚造价较高，维

图3.58　单栋大棚

图3.59　简易连栋大棚

图3.60　智能化连栋大棚

修、保养难度较高，但是节约用地，便于智能化控制和管理，比较适合在大型企业中应用。

3. 建设材料

塑料大棚可以分为竹木结构、钢架结构等类型。规模较小的花卉苗木种植户，往往采用价格低廉、来源广泛的竹木结构大棚，但是这种大棚寿命较短，竹木支撑容易在高温、高湿环境下迅速老化、腐烂，需要及时更换。钢架结构的塑料大棚是近年来被广泛使用的类型，目前市场上可以根据用户要求，定植各种规格的拱架跨度和高度，且管架多用镀锌钢管或涂抹防锈漆，坚固耐用，便于安装和拆卸，越来越受到中小型种植户的青睐。

（二）塑料大棚的结构

1.跨度、长度和高度

一般单体塑料大棚的跨度在6~8米，跨度越大，安全性能越低。单体塑料大棚的长度一般根据立地条件确定，短可 10米，长可达百米，一般长度在 30~50 米。在色彩园艺种苗的生产和养护中，单体塑料大棚一般高度在 2~3 米，以方便机械进出和进行生产活动。

2. 大棚走向

一般情况下，塑料大棚要求较高的光能利用率，这样才能尽可能地增加棚内光照强度和温度。因此，塑料大棚的走向主要为南北走向、地势南低北高。

（三）塑料大棚的辅助设施

1. 遮阳网

遮阳网是保护地种植色彩园艺植物常用的保护设施（见图 3.61）。遮阳网的作用有遮挡阳光、防虫防病、降低雨水强度、增加空气湿度等作用。浙江地区夏季高温，无论是幼苗培育还是大苗养护，强光照往往会对叶片造成日灼危害，不可逆转。因此，遮阳网对保护叶片意义重大。此外，在塑料薄膜覆盖下，大棚会将太阳辐射的热量保存起来，因此必须采用遮阳的方式降低阳光投射，

图3.61 遮阳网在单体拱棚上的使用

减少热量留存，以最大限度地降低棚内温度。

遮阳网的种类较多，生产材料可以分为高密度聚乙烯材质和再生料材质。用前者生产的遮阳网耐老化、寿命长、结构强度大，对恶劣天气承受能力强，但是造价较高，一般使用寿命在3~4年。后者由于材料来源广泛，价格低廉，但是这种材质的遮阳网强度低、寿命短、光泽度差，一般使用寿命在1~2年。

按照遮光强度划分，遮阳网种类有很多。由于遮阳网的折光率与编织的针数呈正相关，所以针数越大，遮阳率就越高。一般而言，黑色四针遮光率在60%左右，六针在80%左右，八针在95%左右。实际选用时，应该根据品种特性，以及种苗生长发育的阶段选择合适的遮阳网，以满足植物生长对阳光的需要。

2. 园艺地布

园艺地布是近年来被广泛采用的设施资材，它具有防草（见图3.62）、防虫、防病、保墒、增温等功能，既能大幅度减少除草剂的使用，又能减轻劳动力压力，对土地友好，是目前应用前景广阔的园艺资材。

图3.62 园艺地布的防草效果

园艺地布根据原材料的差异，一般可以分为聚丙烯材质和无纺布材质两种（见图 3.63、图 3.64），两者都有良好的排水、防草功能。

图3.63　聚丙烯材质的园艺地布

图3.64　无纺布材质的园艺地布

1.塑料大棚按加温方式可分为哪几类？

2.塑料大棚按建设材料可分为哪几类？

3.遮阳网有什么作用？

四、容器育苗

容器育苗就是指在装有营养土的容器里培育花卉苗木。容器内培育出的苗木被称为容器苗。容器育苗是花卉苗木发展的大趋势，主要是因为容器苗规格容易统一，移栽苗根系完整，起苗运输方便，节约土壤资源，有利于工厂化、规模化使用机器设备育苗等。

一般而言，容器苗的育苗周期短，单位面积产量高，已经越来越受到广大种植者的认可和应用。根据所育种苗的类型，选择合适的容器类型十分重要。育苗容器应满足两个方面的要求：一方面是容器本身特性优良，如原材料来源广泛、成本低廉、加工容易、材质轻、保水性好、有一定的强度、不易腐烂破损；另一方面是满足苗木的生物学要求，有利于苗木的生长发育。

目前，市场上常见的容器有塑料容器、泥容器、无纺布容器等。

（一）塑料容器

塑料容器主要由聚乙烯、聚丙烯、聚氯乙烯、聚苯乙烯等材料制作而成。按质地可以分为硬质型和轻质型。硬质塑料容器一般可以重复使用，种苗定植时将其取下备用即可。目前，在色彩园艺种苗生产过程中，常用到的硬质容器主要为各种规格的加仑盆，这些加仑盆有的在盆底有排水孔，有的在靠近盆底的四周有排水孔，可根据种植需要选择不同的类型。而轻质塑料容器一般为一次性使用的容器，主要优势为价格便宜。种苗生产中常用的轻质塑料容器为加仑盆和双色盆（见图 3.65），轻质塑料容器的用料少、价格便宜、

图3.65　塑料双色盆和加仑盆应用

使用方便，在育苗环节大受欢迎。此外，扦插繁殖或者播种繁殖往往需要使用穴盘育苗，穴盘一般由轻质塑料加工而成，常见的有50孔（见图3.66）、72孔、128孔等规格。近年来流行的蜂窝状控根栽培容器也多采用轻质塑料，该栽培容器可以有效控制树体根系分布，以提高苗木成活率（见图3.67）。

图3.66　50孔穴盘

图3.67　塑料控根容器的应用

（二）泥容器

泥容器主要以泥炭、牛粪、苗圃土、塘泥等为原料，加上腐熟的有机肥料和无机肥料制作而成，有时也用土、秸秆、腐殖质、木屑、有机肥等为原料制作而成。泥容器的保水性好，有较多的营养成分，适合就地取材制作。

（三）无纺布容器

无纺布容器主要以合成纤维为材料（如无纺布）加工制作而成。无纺布容器可以根据客户需要，定制加工成各种规格。主要特点是透气、透水性好，轻便易携带。有的厂家会在容器两侧增加提手，这样即使是大苗也能方便运输。同时，无纺布容器控根效果好，尤其是透气性好，根系不容易盘根，有利于移栽后的成活和根系发育；使用寿命较长、质量好的无纺布，可以使用3~5年（见图3.68）。

图3.68 无纺布容器的应用

复习思考题

1.育苗容器应满足花卉育苗中哪些要求?

2.塑料容器有哪几种?各有什么特点?

3.简述无纺布容器的特点。

五、育苗基质

传统的种植业使用的育苗和种植基质都是土壤。而在现代园艺生产过程中，由于土壤成分的不可控性以及其来源的不确定性，土壤已经逐渐淡出该领域，取而代之的是规格统一、理化性状一致的无土基质。市场上用的较多的有泥炭、细沙、蛭石、珍珠岩、碳化稻壳、树皮、椰糠、河沙等。

(一)泥炭

泥炭是指半分解状态的水生或沼泽生植物经过长期的发酵、分解及复杂的理化反应，最终形成的一种种植材料。根据泥炭来源的不同，其可分为苔藓泥炭、苔草泥炭和木本泥炭(见图3.69—

图 3.72)。形成草炭的植物主要为莎草或芦苇。由于两者是较为高等的维管植物，因此两者死亡后维管束便失去了吸水能力，通气量下降，其微生物含量和酸碱度一般不符合植物生长发育的要求，品质较差。我国东北产的草炭就属于这种类型。

图3.69 国产草炭

图3.70 进口泥炭

图3.71 国产草炭包装形式

图3.72 进口泥炭包装形式

泥炭藓属于较原始的苔藓植物，这类植物在泥炭形成过程中保持了较好的理化性状，且埋藏较深，病原微生物和杂草种子含量较少，非常适合种苗培育。目前欧洲北部和加拿大生产的泥炭多属于这种类型。

（二）蛭石

蛭石是矿物质经过高温煅烧之后形成的一种惰性物质（见图 3.73)。蛭石的特点是无菌、干燥、轻便、透气，非常适合育苗。人们可以根据不同的应用目的，选用不同的蛭石粒径规格，粒径小的一般用作播种育苗，粒径大的可选做扦插、种植用的基质。与常用于播种和扦插用的细泥炭相比，蛭石的成本略高。

（三）珍珠岩

珍珠岩是火山岩浆的硅化物经过高温煅烧之后形成的一种无菌基质（见图 3.74—图 3.75）。珍珠岩与蛭石类似，都是无菌基质。珍珠岩呈纯白色，颗粒大小根据用途有所区别。总的来说，珍珠岩体轻，整洁，通气，透水性能极好，无营养成分，不分解，无化学缓冲能力。但是珍珠岩内也含有少量的钠、铝等，可能会对幼苗生长造成危害，如果在使用之前用大水冲洗或淋融，则可以较好地冲洗掉有害成分。粒径小的珍珠岩适合播种、扦插等育苗用，而粒径大的珍珠岩更适合做定植基质。

图3.73　蛭石　　图3.74　珍珠岩　　图3.75　珍珠岩与泥炭混合做栽培基质

需要注意的是，由于珍珠岩保水性差、没有营养，因此除非是扦插育苗，一般都需要与其他基质，如泥炭等按比例混匀后使用。

（四）碳化稻壳

碳化稻壳又被称为砻糠灰，是稻壳经过高温碳化形成的基质（见图 3.76）。碳化稻壳容量小，体轻，孔隙度大，透气性、保水性都好。碳化稻壳经过高温处理后干净无菌，但是碳化稻壳pH值非常高，在使用过程中务必注意混合使用，否则极易烧苗。

图3.76　碳化稻壳

（五）树皮

树皮的特点是质量轻，保湿性好，有机质含量高，碳氮比高，其pH值一般偏低，属于酸性基质。树皮可以根据不同的规格（见图3.77），用于兰花种植、容器苗种植等，也可以用在基质表面，一则可以增加有机质含量，二则可以防止杂草产生，是非常好的覆盖材料之一（图3.78）。但是在用于种植时，务必要将树皮发酵，使

图3.77　不同规格的树皮基质

图3.78　树皮作为有机覆盖物的应用示例

其含有的有机质充分腐熟，含有的有害生物死亡，否则容易造成种苗发生根部病害。

（六）椰糠

椰糠，即椰子外壳纤维粉末，是椰子外壳纤维加工过程中脱落的一种纯天然有机质基质，是椰子加工后的副产物或废弃物（见图 3.79）。经加工处理后的椰糠非常适合于培植植物，是目前比较流行的园艺介质。椰糠通常加工成块状进行储存和运输。因为椰糠来源于植物材料，其一般具有良好的通透性和排水性，含有一定的有机质。但是椰糠在加工过程中会产生大量的盐离子，导致其可溶性盐浓度（EC值）普遍偏高，因此用于育苗时，椰糠必须经过多次冲洗，以尽可能地降低其盐离子含量。椰糠因其良好的孔隙度和较小的容重，通常可以与其他育苗基质混合使用。椰糠来源于植物材料，可以源源不断地被生产出来，相比泥炭、蛭石、珍珠岩等，椰糠是可再生基质，具有广阔的开发应用前景。

图3.79　椰糠

（七）河沙

河沙是一种来源广泛、质优价廉的栽培基质，一般被用来改良土壤、增加土壤透水性能。大量实验发现，河沙也是一种非常好的扦插繁殖的基质。用干净的河沙进行扦插育苗，具有生根快、根系壮、病害少、易起苗等优点。但是河沙的不足之处就是它属于初级产品，不经过特殊的加工，河沙内会含有大量有害微生物，反复使用容易引起病虫害传播。另外，河沙容重大，搬运非常不方便，消毒灭菌困难，因此在使用过程中容易受到较大限制。

1.什么是泥炭？
2.什么是珍珠岩？
3.什么是椰糠？

六、肥料水分

（一）肥料

肥料是种植业增产、增收的基础，植物要想长得好，便离不开各种营养元素的供给。一般而言，可通过施入土壤或其他途径为植物提供营养成分，改良土壤理化性质。为植物提供良好生活环境的物质统称为肥料。

植物生长发育大约需要碳、氢、氧、氮、磷、硫、钾、钙、镁、铁、锰、锌、铜、钼、硼、氯等16种化学元素。这些元素是植物生长的必需元素，缺少任何1种，植物的生长发育都会不正常，而且它们无法相互替代。在这些化学元素中，碳、氢、氧3种元素可通过植物的光合作用、呼吸作用可以部分得到，其余的元素主要通过根系获得。氮、磷、钾3种元素由于在土壤中含量多，植物需求巨大，因此它们被称为大量元素。植物对钙、镁、硫、氯4种元素的需求远少于氮、磷、钾，但是比后面几种元素多，所以一般被称为中量元素。铁、锰、锌、铜、钼、硼属于需求量极少的几种元素，一般被称为微量元素。

1.部分元素的生理作用及缺素症状

（1）氮（N）的生理作用。氮是组成核酸、辅酶、磷脂、叶绿素、细胞色素、植物激素（CTK）和维生素等的成分；是蛋白质和核苷酸的组成元素之一，参与叶绿素的形成，提高光合作用。

植物缺氮症状：老叶黄化焦枯，新生叶淡绿，提早成熟。

（2）磷（P）的生理作用。磷对细胞分裂和开花结实有重要作用；对提高抗逆性（抗病、抗寒、抗旱）有良好作用。能促进根系发育，特别是能促进侧根和细根的生长。加速花芽分化，提早开花和成熟。

植物缺磷症状：植株生长发育受阻，分枝少，矮小，叶片出现暗绿色或紫红色斑点，茎秆呈紫红色，失去光泽。

（3）钾（K）的生理作用。在植物体内的含量超过磷，高产作物中的含量还超过氮，主要以离子状态存在，是生物体内很多酶（60多种）的活化剂，是构成细胞渗透势的重要成分。能调节气孔的开闭，促进光合磷酸化，促进同化物的运输。

植物缺钾症状：叶尖或叶缘发黄，变褐、焦枯似灼烧状，叶片上出现褐色斑点或斑块，但主脉附近仍为绿色。

（4）钙（Ca）的生理作用。钙是细胞壁胞间层果胶钙的成分，与细胞分裂有关，有稳定生物膜的功能，可与有机酸结合为不溶性的钙盐而解除有机酸积累过多对植物的危害，是少数酶的活化剂。

植物缺钙症状：顶芽、侧芽、根尖等分生组织易腐烂死亡，叶尖弯钩状，并相互黏连，干烧心、茎腐、脐腐等。

（5）硼（B）的生理作用。硼影响生殖器官发育，影响作物体内细胞的伸长和分裂，对开花结实有重要作用。

植物缺硼症状：顶端停止生长并逐渐死亡，根系不发达，叶色变绿，叶片肥厚，皱缩，植株矮化，茎及叶柄易开裂，脆而粗，花发育不全，蕾花易脱落。

（6）铁（Fe）的生理作用。是细胞色素、血红素、铁氧还蛋白及多种酶的重要组分，在植物体内起传递电子的作用，是叶绿素合成中必不可少的物质。

植物缺铁症状：首先表现在幼叶上，脉间失绿，严重时整个幼叶呈黄白色。缺铁常在高pH土壤中发生。

（7）锌（Zn）的生理作用。是多种酶的组分和活化剂，已发现80多种含锌酶参与生长素的合成。

植物缺锌症状：老组织出现缺锌时，生长素含量下降，植物生长受阻，节间缩短，叶片扩展受抑制，表现为小叶簇生，被称为小叶病或簇叶病；玉米缺锌会出现白条症。

（8）镁（Mg）的生理作用。是叶绿素的重要组分之一，是多种酶的活化剂，在光合作用中具有重要的作用。

植物缺镁症状：镁在植物体内易移动，缺镁时首先在老叶产生症状；老叶发生脉间失绿，叶脉保持绿色，形成清晰的绿色网状脉纹（禾本科缺镁时表现为脉间呈条纹状失绿），之后失绿部分由淡绿色转变为黄色或白色。

（9）锰（Mn）的生理作用。锰是组成叶绿体的成分，能促进种子发育和幼苗早期生长，对光合作用和蛋白质的形成有重要作用。

植物缺锰症状：从新叶开始，叶片脉间失绿，叶脉仍为绿色，叶片上出现褐色或灰色斑点，逐渐连成条状，严重时叶色失绿并坏死。

（10）钼（Mo）的生理作用：是需要量最少的必需元素。是黄嘌呤脱氢酶及脱落酸合成中的某些氧化酶的组成成分，豆科植物根瘤菌的固氮特别需要钼，固氮酶由铁蛋白和铁钼蛋白组成。

植物缺钼症状：新叶畸形，有斑点；植株生长不良，矮小，豆科植物缺钼会影响固氮，荚粒不饱满。

需要特别注意的是：作物对养分的需求不是平均的，不是含量相对最高的养分影响作物产量最大，而是含量相对最小的养分制约着作物的产量。因此，在给植物施肥的时候，要特别注意作物对肥料的喜好以及土壤基质中的中微量元素的含量，根据具体情况而采取不同的施肥策略。

2.常见的肥料种类及施用方法

肥料的种类繁多，根据不同的用途可以分为基肥和追肥；根据不同生产工艺可以分为化肥和有机肥；根据不同使用方法可以分为控释型肥料和水溶性复合肥等。

色彩园艺种苗生产过程中，由于生产周期相对较短，一般较少使用有机肥，多数情况下使用化肥。目前较常用的单质化肥是尿素，主要提供氮元素，促进植物营养生长。在穴盘苗和容器苗育苗过程中，除了使用尿素促进植物生长外，多数情况下还可使用缓释复合肥和水溶性复合肥提供植物生长所需的各种营养。缓释肥和水溶肥的特点是，营养元素多，配比科学，有些专用肥料根据特定植物的生长需肥规律研制，特异性好，非常适合植物生长。此外，这两种肥料便于机械化和轻简化管理，节省人力开支。

（1）水溶性复合肥。水溶性因其易溶解、易被植物吸收利用而广泛应用于色彩园艺种苗生产当中。水溶性肥料往往含有氮、磷、钾三种大量元素和钙、镁、硫、铁、锰、锌、铜、硼、钼等中微量元素，可以根据植物生长阶段、需肥规律，合理制定施肥方案，精准调控植物生长。

①水溶性复合肥的优点。一是速溶性。水溶性复合肥都是速溶肥料，能够较快地与水溶解在一起，非常适合短期植物生长，如育苗阶段使用，或是生长周期短的作物使用。二是均匀性。只要灌溉得当，水溶性肥料能够在基质中均匀分布，使基质中的根系都能够获得肥料的供给，有利于根系发育。三是元素搭配合理。水溶性复合肥都是经过科学研究、元素丰富、搭配合理的复合肥料，除了氮、磷、钾三元素之间的不同比例组合，一般还添加了各种中微量元素，可根据作物的需肥规律合理选用，因此属于配方施肥，这更有利于培育优质种苗。

当然，水溶性复合肥也有自身的缺点，如不适合生长期长的作物；长期使用水溶性复合肥容易造成基质可溶性盐浓度（EC）值偏高，基质酸化，甚至基质板结，不利于根系的发育。水溶性复合肥主要用于基质种植，在土壤中使用，效果不甚理想。

使用水溶性复合肥需要成套的设施设备，技术要求高，维护成本高。水溶肥流失严重，肥料利用率低，较浪费。

②水溶性复合肥的选择及养分配比：在色彩园艺种苗生产过程中，选择水溶性复合肥需要注意养分的配比问题，常见肥料包装上通常标有XX-YY-ZZ的标识，其中XX一般表示纯氮的所占比例，YY表示有效磷，即五氧化二磷的所占比例，ZZ表示有效钾，即氧化钾的所占比例。

举例说明，20-10-20的肥料表示此水溶肥中氮肥的比例为20%，磷肥含量为10%，钾肥含量为20%。该种肥料氮肥比例较高，适合前期的种苗生长。

10-30-20的肥料表示氮肥比例占10%，磷肥占30%，钾肥占20%。显然这种肥料主要用于生殖生长阶段及开花坐果阶段，有利于培育壮苗和促进花果艳丽。

（2）控释型肥料。控释型肥料是为生长期长，且经济价值较高的植物设计，其特性是能够长期缓慢地释放养分。控释型肥料生产原理是将肥料包埋于膜中，以水分为媒介，缓慢释放。

在实际应用中，可以将控释型肥料预先埋入种植基质中，也可以撒施于基质表面。一般而言，控释型肥料的释放速度与温度呈正相关，温度越高，肥料的释放速度就越快，这也与植物的生长规律相契合，尤其是与木本植物的生长规律一致。

市面上常见的几种控释型肥料有奥绿肥和爱贝施等。奥绿肥主要以树脂为膜的原料，遇水后肥料膨大，早期释放出的肥料较多；爱贝施采用的是保利旺（Polyon）技术，以聚氨基甲酸酯为膜原料，吸水后不膨大，但释放速度与温度及膜厚度有关，早期释放量也偏大。

（二）水分

俗话说，水是生命之源。对于花卉种苗的培育而言，灌溉用水同样起着至关重要的作用。培育种苗的时候务必重视水的质量，否则极易引起毁灭性损失。

在浙江省，大型苗圃灌溉用水通常来自江、河、湖泊以及蓄水池，少部分地区采用地下水灌溉。无论是江、河、湖泊还是蓄水池收集得到的雨水和循环水，都存在大量的不确定危害，如盐离子含量过高、重金属含量超标、有害微生物大量滋生，营养成分比例失衡等，其中的任何一个因素都可能造成种苗的生长滞缓，甚至导致种苗死亡。

因此，在使用江、河、湖水和蓄水池资源进行灌溉时，务必经常性抽检水质的酸碱度、重金属含量、盐离子含量、有害微生物含量等，一旦发现超标，应及时更换水质或采取替换措施，保证水质安全。

1. 植物生长需要哪些化学元素？
2. 水溶性复合肥有哪些优缺点？
3. 简述花卉灌溉用水的主要来源及存在问题。

七、种苗培育

色彩园艺种苗主要包括籽播苗和扦插苗，少数品种采用分株和嫁接繁殖。籽播苗主要针对一、二年生草本花卉，扦插苗主要针对小灌木，部分扦插困难的种类或是扦插长势太慢的种类采用嫁接繁殖。

（一）籽播苗

1. 种子选择

色彩园艺种苗生产必须选择有生产资质、信誉良好、有服务保障的专业企业购买种子。目前，市场上质量较好的籽播品种多数由国外公司垄断，国内虽有部分企业从事种子生产，但是其质量方面与国外还存在较大差距。

种子购进后，要妥善保存，一般种子在播种前都要冷藏密封保存。为保证种子发芽，可以在正式播种前进行种子发芽试验，以做到有的放矢，准确把握种子用量。

2. 播种

要在保证种子质量的前提下开展育苗作业，无论是在发芽室进行，还是在种植大棚开展，都要保证种子发芽所需的温度、湿度、光照等环境条件，因为任何一个环节的不稳定，都很可能造成整个育苗过程的失败。尤其需要注意的是，种子从播下到真叶展开这一阶段，对环境条件的变化最为敏感，抗性也最差，因此这一阶段要特别注意温、湿度的变化。

种子播种前，除了要把控好种子质量，还要准备好播种基质和种植穴盘。一般情况下，要根据不同的种子类型选择合适的混合基质。良好的基质搭配应该满足疏松、透气、保水、保肥等种子发育需要的最佳条件。穴盘的种类也非常多，必须根据具体的种植计划和种子类型选择合适的穴盘。

色彩园艺用到的草本花卉品种不同，发芽规律也各不相同。有的发芽需要一定的光线，有的发芽必须遮光，有的需要覆土较厚，有的则只需薄土覆盖，具体情况需要根据种子的要求严格执行。但不管哪一种，种子播下去之后一定要浇透基质，并保持湿润直至种子萌发。

3. 发芽期管理

一般来说，种子发芽之前，即胚根长出之前，必须使发芽环境保持一定的温度和空气湿度，待胚芽长出之后，应适当降低空气湿度，但基质温度、湿度依然要严格保持。一般而言，在子叶完全展开之后，可以适当降低基质的湿度，这样既可以避免基质表面青苔的生长，又可以促进根系的发育，有利于培育壮苗。

4.苗期管理

苗期，一般是指籽播苗的第一片真叶长出之后到定植之前的阶段。进入这一阶段后，需要在以下几个方面加强养护。

（1）肥水管理。肥水条件是促进幼苗生长的关键因素。一般现代色彩园艺育苗都采用肥水一体化进行，因此选择合适的肥料类型和灌溉时机对苗期长势至关重要。首先，幼苗长出真叶后即可进行肥水灌溉。此时施肥的原则是薄肥勤施，每次灌溉用肥量要尽量少，以1‰左右为宜，肥料类型以高氮、低磷、低钾为主，其目的是促进生长。其次，灌溉尽量保证表层基质见干、见湿，适当的基质干燥有利于根系发育，但是幼苗阶段，根系不发达，所以要经常观察，保证不因过分失水导致幼苗长势受阻。最后，灌溉时间要把握好，在高温酷暑季节，棚内温度过高时，尽量早晚浇水，中午以喷雾降温为主，不能浇透水，以避免因水温过低让处于高温下的幼苗产生应激反应；冬季尽量晴天浇水，阴雨天尽量不浇水。

（2）温度管理。不同的种苗类型对于温度的要求差异很大，冷凉型花卉一般需要较低的生长温度，原产热带的花卉，一般苗期需要较高的温度。必须根据种苗类型确定最佳生长温度。一般而言，种苗的生长温度在15~28℃，高于28℃，种苗容易徒长倒伏；低于15℃，绝大多数种苗停止生长。无论是哪种花卉，苗期生长都需要一定的昼夜温差，否则极易造成种苗徒长。8~10℃的温差能够保证苗期光合产物积累，有利于培养壮苗。

（3）光照管理。设施育苗，光照强度是苗期管理的重要内容。对于绝大多数色彩园艺种苗而言，适当的光照有利于光合产物的积累，使种苗叶色浓绿、茎干健壮。而且光照是设施内热量的主要来源，良好的透光，能够迅速提升设施内温度，通风换气可以起到增加二氧化碳浓度、降低空气湿度、降低病菌感染概率的作用。

（4）查苗补缺。种子播种的种苗，无论种植技术多高，总会出现缺棵、死苗的现象，因此，及时查苗补缺是生产成品穴盘苗的必要工作。一般而言，当种苗的2片真叶完全展开后，就可以开始补苗工作。该工作要趁早进行，保证移栽的种苗与穴盘内种苗长势一致、商品性好。

（5）壮苗培育。壮苗是实现色彩园艺景观效果的保证，没有优质的壮苗，后续移栽、换盆、景观应用等，就难以保证成活率和观赏效果，因此设施育苗，最终的目标就是生产出满足市场要求的壮苗。壮苗的标准可以简单概括为：叶色浓绿，子叶和真叶宽大且厚实，3~5叶一心，叶柄短粗，子叶的长宽比约1.5。无论以哪种指标衡量，都应该满足健康、整齐、根系发达、真叶厚实的感官要求。

培育壮苗是市场的要求，在色彩园艺种苗培育过程中，只要把握好以下几点，就能够生产出符合要求的壮苗。

①肥水管理：肥水管理是培育壮苗的基础性工作。一般在出苗前1~2周进行适当的控肥、控水，这样做会使基质逐渐变干，肥力逐渐降低，直接导致幼苗节间缩短、叶片变厚、茎干硬度增加，同时其抵抗环境变化的能力也会逐渐增强，即所谓的壮苗。有时，因为出圃时间的延误，也需要控肥控水，避免植株长势过旺，影响后续的运输和移栽管理。但是也有部分色彩园艺品种，在培育壮苗过程中，或者暂时无法出圃时不能够对其进行常规控肥控水，如鸡冠花等，因为如果对这类品种控肥控水，尤其是使其基质含水量持续降低，会诱导植株提前进入生殖生长，即促进开花，一旦花芽分化完成，将不可避免地进入开花阶段，容易产生小老苗。因此，用肥水控制培育壮苗，必须根据品种习性，采取适当的控制措施。

②昼夜温差：植物白天依靠光照进行光合作用，夜晚低温可以使光合产物有效积累，增加植株抗逆性。夏、秋高温季节，设施内温度较高，夜间降低环境温度对培育壮苗十分必要。如果由于气候

原因无法满足合适的昼夜温差，则应该尽量保证白天光照强度，增加光合作用，强光照能在一定程度上缓解因高温造成的种苗徒长。

③病虫害防控：设施栽培色彩园艺种苗相比露地种植，虫害相对较轻，但也不能掉以轻心。及时防控病虫害的发生，对于生长期较短的种苗尤为重要。设施内由于塑料薄膜和遮阳网等的防护，一般较大的害虫难以进入，飞虱、蚜虫、红蜘蛛、蓟马等微小型害虫是主要的防控对象，采用粘虫板、性诱剂等是较为环保的方法，可以有效控制虫口数量。对于病害，一般采用保护性杀菌剂（如百菌清、多菌灵、代森锰锌、甲基硫菌灵等）进行预防，一旦发现病害传播，要及时采取措施，针对不同的病害使用特定杀菌剂进行喷防。

④植物生长调节剂：在色彩园艺种苗生产中，植物生长调节剂发挥着不可替代的重要作用（见表3.1）。

表3.1　常见植物生长调节剂

通用或商品名	作用及效果	注意事项
比久（B9）	使植株矮壮，多数花卉有效	高温效果不明显
矮壮素（CCC）	使植株矮壮，多数花卉有效	可灌根使用
多效唑	使植株矮壮，效果显著	浓度高容易造成药害
烯效唑	使植株矮壮，效果显著	用药安全，高温效果减弱
A-rest	使植株矮壮，效果显著	效果好，价格贵

植物生长调节剂主要用于苗期，目的是培育壮苗，避免因肥水过量、温度过高、光照不足等引起徒长、节间伸长。在安全范围内合理使用生长调节剂，可以及时控制种苗高度，充实种苗光合产物。但是不同的色彩园艺品种对生长调节剂的敏感程度是不一样的，因此在使用前必须进行小范围试验，测试种苗敏感度和药害阈值，避免因使用不当对种苗造成损害。

（二）扦插苗

1.扦插繁殖的优点

扦插繁殖的优点非常突出，主要有以下几点。首先，扦插繁殖能够较好地保留母本的优良性状，不存在遗传变异，后代不会因为遗传因素改变原有优良性状。其次，扦插繁殖的种苗，生长快速，很多色彩园艺品种扦插当年即可开花或者形成景观效果。最后，扦插繁殖相对种子繁殖，一般不用多次移栽壮苗，可以将插穗直接插在营养钵中，一步到位，到出苗之前不用移栽，大大减少用工量。

2.扦插时间

一般而言，扦插繁殖主要采用两种插穗，一种是半木质化枝条，另一种是木质化枝条。前者主要于春末夏初形成，后者主要于早春或秋季形成。因此，对于绝大多数适宜用扦插繁殖的色彩园艺品种而言，扦插的季节主要集中在春、夏、秋三季，尤其以春末夏初和秋季为主。

需要注意的是，春季扦插，插穗应该在树液开始流动、休眠芽尚未大量萌发之前进行，若扦插太早，地温太低，插穗还处于休眠状态，则会导致生根缓慢，成活率降低；若扦插太晚，休眠芽大量萌发，此时剪下插穗，很容易造成新芽萎蔫死亡，并且插穗内积存的营养被新芽大量利用，也不利于生根。因此春季扦插，既要保证地温，又要选准采穗时间。

此外，秋季扦插时间不能过晚，否则低温来临之前根系尚未发育、新芽尚未木质化，这会对扦插成活和种苗质量都会带来不利影响。在浙江地区，一般建议不晚于9月中下旬，难以生根的种类要更加提前。

影响扦插成活的因素很多，除了跟上述插穗的选取时间有关外，还跟基因型与所处的环境条件有关，任何一个因素都可能影响扦插的成败。

（1）遗传特性。植物的遗传特性是影响其扦插成活率的首要内在因素，不同的植物类型，其扦插成活的难易程度存在较大差异。根据实践经验，扦插比较容易成活的有葡萄、木槿、常春藤、紫穗槐、连翘、月季等；比较难生根的有核桃、板栗、柿、松柏类等。

即使是同一物种，由于品种不同，其生根难易也有较大差异，比如木槿，常规单瓣品种一般比较容易生根，而雪纺类重瓣品种则相对难于生根。

（2）插穗年龄。一般而言，插穗的年龄受到所采集树体的年龄以及采集枝条本身的年龄两方面影响。

插穗的生根难易一般与母株的年龄相关，即母株的年龄越大，插穗越难生根，母株的年龄越小，插穗越容易生根。所以，在做扦插繁殖的时候，尽量选取幼树作为母株，这种树体采集的枝条生命活力旺盛，相对更加容易生根。

对于插穗本身而言，一年生枝条的再生能力最强，年龄越大，枝条再生能力越弱，也就越难生根。此外，枝条的营养状况也直接关系生根的难易。一年生枝条中粗壮、半木质化的部分，营养积累丰富，在扦插过程中能够为伤口提供充足的营养物质，这样的插穗较容易生根。而新生枝条由于营养积累不足，完全木质化的枝条愈伤困难，都比较难生根。

所以，在扦插繁育的过程中，要选择树龄较小、一二年生为主的枝条做插穗进行繁殖，只有在插穗不足的情况下，再选择树龄偏大、两年以上木质化枝条进行扦插。

（3）环境条件。影响扦插效果的环境条件主要包括温度、湿度、光照、基质等。

①温度：对于大多数色彩园艺品种，扦插繁殖的白天适宜温度在21~25℃，晚间适宜温度在15~20℃。一般而言，枝条萌发所需温度要比生根所需温度低，生根需要较高的土壤温度。如果在扦插繁殖时，土温比气温明显偏低，尤其是低于15℃，扦插的枝条往往在生根之前先长叶片。这时候，由于叶片萌发所需的营养来自枝条储存而不是根系吸收，因此，很容易造成营养消耗过快，根系无法发育，导致地上部分枝繁叶茂，地下部分根系寥寥，最终也会导致扦插失败。因此，在春秋季节扦插，务必保证较高的土壤温度，使

得插穗先生根后长叶。

②湿度：刚刚扦插的枝条仍然会进行正常的生理活动，如进行蒸腾作用和呼吸作用等，都需要消耗水分，但是插穗没有根系，很容易失水萎蔫。因此，扦插之后保持空气湿度和土壤湿度非常必要。一般在扦插后的10天内，土壤基质的含水量要保持在其最大持水量的60%~80%，而空气湿度一般要保持在90%~100%。根系发出后，可以逐渐降低基质含水量以促进根系发育和预防病害发生，但一般要根据实际情况及时喷雾，保持育苗设施内较高的空气湿度。

③光照：对于绝大多数植物而言，扦插后的插穗都要保持一定时间的黑暗环境，这对于插穗生根、减少蒸腾失水有着重要的意义。遮阳网遮光就是比较实用的避光方式，可以根据植物对光照的敏感程度，选择不同透光度的遮光材料。对于一些带叶片扦插的插穗，要保持一定量的散射光，这对于叶片的光合作用有积极作用。此外，在低温季节，适当的透光处理可以在一定程度上增加基质温度，有利于根系生长。

④基质：适宜扦插的基质一般要具备以下几个特征：疏松、透气、无病虫害、合适的pH值、较低的EC值等，常见的用于扦插的基质包括河沙、沙壤土、珍珠岩、泥炭、蛭石等。

河沙的透气性好，排水佳，易吸热，来源广泛。缺点就是持水能力差，需要经常补水。

沙壤土是苗农最常使用的扦插基质，其优点是该基质营养丰富，持水、透水、透气能力都较好，且来源广泛；缺点是容易携带病虫害。

珍珠岩同河沙类似，透水、透气能力强，价格便宜、无病虫害，只要保证水分供应，也是扦插良好的基质选择。

泥炭是规模化工厂化生产扦插种苗的重要基质，该材料由专业企业提供，规格多样。泥炭一般有一定的营养成分，保水、保肥能力较强，质地较轻，基本无病草害，需要根据不同的扦插材料选择不同粗细规格的泥炭种类。

蛭石是一种工业产品，质地轻巧，无病虫害，保水、透水能力都较好，可以根据需要选择不同的粒径大小；缺点是价格较贵。

以上几种扦插可用的基质，在生产中经常按照一定的比例混合使用，如河沙与泥炭混合，泥炭与珍珠岩混合，沙壤土与珍珠岩混合等，但无论哪种方式，都要保证基质尽可能地保水、透气、无病虫害、有适宜的酸碱度和盐离子含量。只要保证以上关键点，都可以作为扦插基质使用。

3.苗期管理

在保证插穗质量优良、扦插小气候（温湿度、光照）适宜的条件下，影响扦插成活率的主要因素就是生根剂的选择及使用。常见的生根剂有吲哚丁酸（IBA）、吲哚乙酸（IAA）、萘乙酸（NAA）等。使用的方法主要有涂抹和浸渍两种。在实际生产中，由于纯药剂难以配制，以及在使用过程中容易造成药害，因此建议购买商品化生根剂，商品化生根剂都经过专业处理，使难溶于水的纯药剂能够溶解于水中使用，大大提高了药效，并且使用方便。

扦插后的苗床，必须采取一定的设施保护，保证其中的温度、湿度和光照强度，以提高种苗的成活率。需要注意以下几点。

（1）湿度管理。扦插完成后第一遍浇水务必浇透，使插穗与基质充分接触并能够从基质中吸取水分。其余时间，一般要求每天喷雾若干次，保持苗床空气湿度90%~100%。若外界气温低，喷雾次数少；若外界气温高，喷雾次数多。

（2）温光管理。苗床基质温度对根系的发育至关重要。因此，如果环境温度低于15℃，有条件的地方就要增设地热线以增加基质温度，促进根系早于休眠芽萌发。夏季高温季节，光照过强导致苗床空气温度过高，则要及时喷雾降温和覆盖遮阳网，一般扦插苗床的遮光比例在50%~60%，及时掀盖以保证棚内温度和光照适宜插穗生长。

（3）肥料施用。插穗在生根以后开始进入快速生长期，这时插穗内原有的营养已经消耗殆尽，必须及时补充养分以促进生长。由于此时根系发育尚不强健，因此施肥以叶面肥为主，常用1‰~2‰的三元复合肥（高氮低磷钾）水溶液喷雾，1周1次即可，也可以采用尿素和磷酸二氢钾同比例1‰的水溶液喷施，这些都可以起到促进生长的作用。

此外，扦插苗在出圃前，应尽量少使用农药控制病虫害，以免对幼苗造成伤害。常通风换气、悬挂粘虫板、设置防虫网、逐渐降低空气湿度等都可以在一定程度上控制病虫害的发生和流行。

复习思考题

1.怎样选择籽播苗的种子？

2.花卉扦插繁殖有哪些优点？

3.温度对扦插效果有什么影响？

八、病虫害防治

现代园艺生产，病虫害防治的基本原则是“预防为主，防治结合”。无论是病害，还是虫害，对植物器官造成的伤害都是不可逆的。因此病虫害防治的根本在于预防。

生产实践中经常采用且行之有效的预防措施包括农业防治、消毒保障、物理防治等。农业防治是指采用抗病虫品种、育苗场所与外界隔离、加强壮苗培育等手段；消毒保障是指育苗过程所涉及的穴盘、基质、工具、水源等都必须确保没有病害污染。目前，育苗基质和穴盘基本上可以做到不重复使用，这就大大降低了材料带菌的可能性；物理防治主要包括防虫网遮挡、灯光诱杀、粘虫板捕杀、性诱剂诱杀、人工捕杀等。做到以上几点，就可以大大降低病虫害发生的概率，为后期小范围补救奠定较好的基础。

（一）病害

1. 白粉病

白粉病可使月季等木本花卉苗染病，也能使菊花、凤仙花、瓜叶菊等草本花卉苗染病。

（1）为害症状。白粉病主要会导致叶片、嫩梢上布满白色粉层，白粉是病原菌的菌丝及分生孢子。病菌大多以吸器伸入表皮细胞吸收养分，少数以菌丝从气孔伸入叶肉组织内吸收养分。发病严重时病叶皱缩不平，向外卷曲，直至叶片枯死早落。

病菌以菌丝体或分生孢子在病残体、病芽上越冬。早春，分生孢子借助风、雨传播，侵染叶片和新梢。生长季节可发生多次重复侵染，以4—6月、9—10月发病较重。高温干燥，施氮肥偏多，过度密植，阳光不足或通风不良都会导致病害发生。品种间抗性有差异。

（2）防治方法。选用抗病品种繁殖；及时清扫落叶残体并烧毁，不用可能带有白粉病菌的床土培育容易感染白粉病的秧苗，不用有白粉病的母株扦插、分株，避免适合白粉病菌生长的适宜湿度持续时间过长。发病初期可用下列药剂防治：100亿活芽孢/克枯草芽孢杆菌可湿性粉剂450~600倍液，或4%四氟咪唑水乳剂600~900倍液，或50%嘧菌酯水分散粒剂3000倍液，或10%苯醚甲环唑水分散粒剂500~600倍液，或12.5%腈菌唑乳油1500~2000倍液，或30%硝苯菌脂乳油1000~1500倍液，隔7~10天喷药1次，连喷2~3次。

2. 灰霉病

灰霉病又称花腐病，一般在花上发病。主要为害花器、萼片、花瓣、花梗，有时也为害叶片和茎。

（1）为害症状。发病初期出现小型半透明水渍状斑，随后病斑变成褐色，有时病斑四周还有白色或淡粉红色的圈。当花朵开始凋谢时，病斑增速很快，花瓣变黑褐色，直至腐烂。湿度大时，从腐烂的花朵上长出茸毛状、灰色的分生孢子梗和分生孢子，花梗和花茎染病，早期出现水渍状小点，渐扩展成圆或椭圆形病斑，黑褐色，略下陷。病斑扩大至绕茎一周时，花朵即死。为害叶片时，叶尖焦枯。

（2）防治方法。合理调控环境的温湿度，尤其在低温、高湿的早春、初冬季节，花房或居室要注意加温和通风，以防止湿气滞留；浇水时不要溅到花上，淋浇在白天进行，以使植株特别是花朵上的水分尽快蒸发。发病时，剪去重病花朵或其他病部并销毁。发病初期喷洒50%啶酰菌胺水分散粒剂2000~3000倍液，或50%异菌脲悬浮剂900~1200倍液，或40%嘧霉胺悬浮剂500~700倍液，或50%腐霉利可湿性粉剂1000~1500倍液，7~10天喷药1次，连喷2~3次。大棚栽培还可采用烟雾法施药，采用烟雾法时可用15%乙嘧酚磺酸酯烟剂，熏3~4小时。

3.炭疽病

炭疽病主要为害叶片，也可为害花朵。

（1）为害症状。该病菌多在叶片中段为害，发病初时，叶面上出现若干湿性红褐色或黑褐色小脓疱状点，其斑点的周边有褪绿黄色晕。扩大后呈椭圆形或长条形斑，边缘黑褐色，里面黄褐色，并有暗色斑点汇聚成带环状的斑纹。有时聚生成若干带，当黑色病斑发展时，周围组织变成黄色或灰绿色，而且下陷。由于中期之斑呈黑褐色，故也称为黑斑病或黑褐病。梅雨季节发病尤为严重，叶面喷水或浇水都会加重病害发生。植株放置过密，叶片发生交叉也易传染病害；过量施用氮肥，易引起病菌侵染发病。该病原在生长期内可不断重复侵染，6—9月为发病的高峰期。夏秋酷热，病害消退。高湿闷热，天气忽晴忽雨，通风不良，花盆积水，株丛过密，摩擦损伤，介壳虫为害严重等因素均会加重病情的发生蔓延。

（2）防治方法。加强栽培管理，彻底清除感病叶片，剪去轻病叶的病斑。冬季清除地面落叶，集中烧毁。棚室要通风透光，落地盆栽要有遮阴棚，防止疾风暴雨，放置不宜过密。发病前用65%代森锌600~800倍液，或75%百菌清可湿性粉剂800倍液，或75%

百菌清800倍液加0.2%浓度的洗衣粉喷施预防。发病初期喷洒25%溴菌腈乳油300~500倍液，或50%扑海因可湿性粉剂1000倍液，或45%咪酰胺水乳剂500~800倍液，或50%醚菌酯水分散粒剂3000~3500倍液，或25%吡唑醚菌酯乳油1000~1500倍液，或66%二氰蒽醌水分散粒剂800~1000倍液，隔7~10天喷药1次，连喷2~3次。发病时剪去受感染的器官，并用50%多菌灵可湿性粉剂800倍液、75%甲基托布津可湿性粉剂1000倍液喷洒。最好将非内吸性杀菌剂与内吸性杀菌剂混合施用，或交替施用。

4.枯萎病

枯萎病系维管束病害，主要为害香石竹、翠菊、唐菖蒲、紫罗兰等花卉。

（1）为害症状。病菌侵染根系，进而侵入维管束系统，引起地上部出现症状。初期植株一侧叶片失绿，黄化，最后全株叶片变褐，萎蔫枯死。受害组织切面，可见维管束组织变成褐色。此病是由镰刀菌属中几种真菌侵染造成的，是一种土传病害，以无性繁殖材料扩大传播。发病适温为27~32℃，夏季气温高，雨水多最易发病。受到根结线虫为害时，会加重病害发生。

（2）防治方法。选用抗病品种；繁殖时要从无病植株上采取插条，移栽时注意避免伤根，使用的基肥要充分腐熟；发病严重的花圃要进行土壤消毒，盆栽每年换1次新的无菌培养土。发现病株应立即拔除销毁，并用70%噁霉灵可湿性粉剂300~500倍液，或2%春雷霉素水剂400~600倍液，或80%乙蒜素乳油2500~3000倍液，或多粘类芽孢杆菌10亿CFU/克300~500倍液，淋灌病株穴土。

5.根腐病

根腐病是一种由真菌引起的病，该病会造成根部腐烂，吸收水分和养分的功能逐渐减弱，最后全株死亡。

（1）为害症状。根腐病主要为害幼苗，成株期也能发病。发病初期，仅仅是个别支根和须根感病，并逐渐向主根扩展。主根感病后，早期植株不表现症状，后随着根部腐烂程度的加剧，吸收水分和养分的功能逐渐减弱，地上部分因养分供不应求，新叶首先发黄，在中午前后光照强、蒸发量大时，植株上部叶片才出现萎蔫，但夜间又能恢复。病情严重时，萎蔫状况夜间也不能再恢复，整株叶片发黄、枯萎。此时，根皮变褐，并与髓部分离，最后全株死亡。

该病病菌在土壤中和病残体上过冬，一般多在3月下旬至4月上旬发病，5月进入发病盛期，其发生与气候条件关系紧密。苗床低温高湿和光照不足，是引发此病的主要环境条件。育苗地土壤黏性大、易板结、通气不良，致使根系生长发育受阻，也易发病。另外，根部受到地下害虫、线虫的为害后，伤口多，病菌侵入风险大。在此环境下，不仅采取播种、扦插的草本花卉易受害，采取扦插、分株、压条繁殖的木本花卉也易发病。

（2）防治方法。选好并整好育苗地块。播种前，可用种子质量0.3%的退菌特或种子质量0.1%的粉锈宁拌种，或用80%的402抗菌剂乳油2000倍液浸种5小时；插穗基部也可用同样浓度药液浸1小时后扦插。苗床土壤可使用甲霜恶霉灵、多菌灵等进行土壤消毒，且可兼治猝倒病、立枯病。播种前，每100千克种子可使用15~25克25克/升咯菌腈悬浮种衣剂制剂包衣，或40~50克350克/升精甲霜灵种子处理乳剂制剂拌种；发病时，可使用350克/升精甲霜灵种子处理乳剂1000~2000倍液，或72.2%霜霉威盐酸盐水剂500倍液对茎叶均匀喷雾，隔7~10天喷药1次，连喷2~3次。同时，及时防治地下害虫和线虫的为害。

6.青枯病

青枯病是一种由青枯菌引起的毁灭性土传病害。

（1）为害症状。青枯病菌主要通过机械损伤或害虫咬食伤口侵染植株，在茎的导管部位和根部发病，有时也会经由无伤口细根侵入植株内发病。发病初期一般产生萎蔫，随后出现叶枯，病株根部出现坏死，呈水渍状有臭味，横切后出现乳黄色的溢脓，皮层和木质部均出现上述症状。急性症状为病株叶片萎蔫，失绿，不脱落，茎、枝表面出现褐色或黑褐色条斑，木质部渐变黑褐色，根部腐烂，皮层脱落，木质部坏死，表面有乳黄色或浅白色的菌溢脓产生，一般只需7~20天，全株死亡。慢性病症一般为植株发育不良，较矮小，下部叶片变紫红色，且渐向上发展，导致叶片全部脱落，部分枝条出现不规则变褐或坏死，部分根系出现细菌性溢脓。一般3~6个月，全株死亡。

（2）防治方法。开沟排水，加强通风，控制密度；在种植前，用石灰氮或氯化苦对病害发生地和周围土壤进行消毒；整地时深翻暴晒，杀死病菌，施足不带菌的有机肥和复合肥，促进植物生长，增强抗病性；发病期及时清除并烧毁病株，开沟隔离，防止病害在土壤中蔓延。发病后，可使用72%农用硫酸链霉素可溶性粉剂3000~5000倍液，或3%中生菌素可湿性粉剂800~1000倍液，或30%恶霉灵水剂1000~1500倍液，于发病初期开始，隔7~10天喷药1次，连喷2~3次。

（二）虫害

1.蚜虫

蚜虫的种类很多，一般为害蔬菜、果树、农作物的蚜虫，也常为害花卉的嫩叶、叶芽、花芽、花蒂、花瓣（见图3.80）。

（1）为害症状。蚜虫常寄生于植株上，完成交配后产卵，在叶腋及缝隙内越冬，但在温室中可全年孤雌生殖。成蚜、若蚜为害花卉的叶、芽及花蕾等幼嫩器官，吸取大量液汁养分，致使植株营养不良；其排泄物为蜜露，会招致霉菌滋生，并诱发黑腐病和煤污病等。蚜虫繁殖迅速，一年可产生数代至数十代。

（2）防治方法。家庭养花数量少，零星发生蚜虫时，可用毛笔蘸水刷下，然后集中消灭，以防蔓延。春季蚜虫发生时，用银灰驱蚜薄膜条间隔铺设在苗圃苗床作业道上和苗床四周。还可利用蚜

图3.80　印度修尾蚜

虫对颜色的趋性，将1块长100厘米、宽20厘米的纸板刷上黄绿色，涂上黏油诱粘。蚜虫为害面积大时，可在3—4月虫卵孵化期用10%啶虫脒乳油1000~1500倍液，或22.4%螺虫乙酯悬浮剂1000倍液，或10%吡虫啉可湿性粉剂1500倍液，或50%氟啶虫胺腈水分散粒剂4000倍液等喷杀。

2. 白粉虱

白粉虱虫体较小，成虫体长1~1.5毫米，淡黄色，全身有白色粉状腊质物，通常群集于植株上，在大棚通风不良时易发生。

（1）为害症状。白粉虱常为害花卉的新芽、嫩叶与花蕾，为害时以刺吸口器从叶片背面插入，吸取植物组织中的汁液，传播病毒，使叶片枯黄，并常在伤口部位排泄大量蜜露，造成煤污并发生褐腐病，甚至引起整株死亡。粉虱繁殖力强，在温室内1年可繁殖9~

10代，并有世代重叠，在短时间内可形成庞大的数量。

（2）防治方法。清除种植场地杂草枯叶，集中烧毁，消灭越冬成虫和虫卵。利用粉虱对黄色敏感，具有强趋性的特点，将硬纸板裁成长100厘米、宽20厘米的纸板，涂成黄色或橙黄色，然后刷上黏油，每20平方米放置1块，用来诱粘粉虱，也有市售粘虫板可购买。在若虫期抓紧用药物防治。常用25%噻嗪酮可湿性粉剂1500倍液，或30%噻虫嗪悬浮剂5000倍液，或100克/升联苯菊酯乳油1000~1500倍液，或50%吡蚜酮可湿性粉剂3000~4500倍液等，7~10天喷洒1次，连喷2~3次。

3.线虫

线虫，也称蠕虫，是一种在土壤中为害植物根系的微小害虫，肉眼几乎不可见。

（1）为害症状。线虫体形较小，长不及1毫米。雌虫梨形，雄虫线形。常寄生于红掌、樱花等植物根系，致使根体形成串珠状的结节瘤凸，小者如米粒，大者如珍珠。受害的叶片，常出现黄色或褐色斑块，日渐坏死枯落；受害之叶芽，多难发育展叶；受害的花芽，往往干枯或有花蕾而不能绽放。线虫在土壤中越冬，常于高温多雨季节入侵寄生为害。

（2）防治方法。对于家庭盆栽，可于夏季在混凝土地面上反复翻晒培养土，利用高温杀死线虫。药剂可选用5%丁硫克百威颗粒剂1000~4000倍液，或10%噻唑膦颗粒剂1500~2000倍液土面撒施，还可选用3%呋喃丹颗粒剂，于盆缘处撒施3~5粒；或每50千克培养基质中拌入250克5%甲基异柳磷颗粒剂防治。

4.蓟马

蓟马是一种具有锉吸式口器的农业害虫，种类繁多，数量庞大，为害十分严重。食性杂、寄主广泛，已知寄主达350多种（见图3.81）。

图3.81　蓟马

（1）为害症状。蓟马虫体较小，成虫体长1.2~1.4毫米，体色淡黄至深褐色，活动隐蔽，为害初期不易发现。主要为害花卉的花序、花朵和叶片。为害叶片时以锉吸式口器吸食植株汁液。多在心叶、嫩芽和花蕾内部群集为害，导致叶片表面出现许多小白点或灰白色斑点，影响花卉生长，降低观赏价值。花序被为害时会生长畸形，难以正常开花或花朵色彩暗淡。

（2）防治方法。3月上旬蓟马开始活动时就要注意喷药，5—6月新芽生长期以及花蕾期，各喷2次，每7~10天喷药1次。蓟马生活在花蕾、叶腋内，喷药时要特别注意这些地方，以做到周到喷施。冬季喷药还要注意土缝，以杀死越冬蓟马。喷施的药剂可选择有内吸、熏蒸作用的药物，如50％辛硫磷乳剂1200~1500倍液，或6%乙基多杀霉素悬浮剂1500倍液等，一般1周1次，重复2~3次，喷施杀虫剂时，还可混以酸性杀菌剂和磷酸二氢钾、尿素等叶面肥，这样杀虫、杀菌、追肥同时进行，可谓一举三得。

5. 红蜘蛛

红蜘蛛，学名叶螨，分布广泛，食性杂，可为害110多种植物（见图3.82）。

（1）为害症状。红蜘蛛体小，红褐色或橘黄色，以锐利的口针吸取叶片中的营养，致使叶片干枯、坏死，并引起植株水分等代谢平衡失调，影响植株的正常生长发育，并且传播细菌和病毒病害。红蜘蛛在温度较高和干燥的环境中可迅速繁殖，5天就可繁殖1代，数量多，为害严重。

图3.82　红蜘蛛

（2）防治方法。红蜘蛛的雌成虫一般在花卉叶丛缝隙内落叶下越冬，冬季清洁苗圃，去除植株上的枯叶可有效地成少红蜘蛛的越冬基数。在越冬雌成虫出蛰前，在小纸片上涂上黏油，放在植株茎基部进行粘杀。保持环境通风，使环境湿度在40%以上，叶背经常喷水，控制红蜘蛛的繁衍。由于农药难以杀死虫卵，一般在虫卵孵化后的若虫、成虫期施药，可用0.3%苦参碱水剂300~400倍液，或43%联苯肼脂悬浮剂1500~2000倍液，隔5~7天喷药1次，连喷2~3次。还可采用600倍液的鱼藤精加1%左右的洗衣粉溶液、73%克螨特乳油2000~3000倍液，或50%溴螨酯2000~3000倍液，或40%水胺硫磷乳油1000~1500倍液等喷杀。药物交替使用效果较好，以防抗药性种群的产生。

6.斜纹夜蛾

斜纹夜蛾寄主植物广泛，可为害各种农作物及观赏花木。

（1）为害症状。斜纹夜蛾以幼虫为害全株，咬食叶片、花蕾、花及果实，初龄幼虫食性杂，且食量大，在叶背为害，取食叶肉，仅留下表皮；3龄后分散为害叶片、嫩茎；4龄以后进入暴食，咬食叶片，仅留主脉。其食性既杂又为害各器官，是一种为害性很大的害虫。

（2）防治方法。清除杂草，翻耕晒土或灌水，有助于减少虫源；摘除卵块和集群为害的初孵幼虫，以减少虫源。利用成虫趋光性，于虫害盛发期点黑光灯诱杀；利用成虫趋化性配糖醋（糖：醋：酒：水=3：4：1：2）加少量敌百虫诱蛾。药剂防治方面，交替喷施苏云金杆菌8000IU/毫克（IU：酶活力的国际单位，1IU=1微摩尔每分钟）可湿性粉剂300~400倍液，0.3%印楝素乳油600~800倍液，150克/升茚虫威乳油2500~3000倍液，2.5%高效氯氰菊酯乳油1000~1500倍液，7~10天喷药1次，连喷2~3次，喷匀喷足。

在幼虫进入3龄暴食期前，使用10亿PIB/克（PIB：polyhedral inclusion body，多角体）斜纹夜蛾核型多角体病毒可湿性粉剂300~500倍液喷施，或45%辛硫磷乳油800倍液灌浇根部。

7.小菜蛾

主要为害十字花科植物及其他幼嫩的色彩园艺植物。

（1）为害症状。初龄幼虫仅取食叶肉，留下表皮，在花卉叶片上形成一个个透明的斑，3~4龄幼虫可将花卉叶片食成孔洞和缺刻，严重时全叶被吃成网状。在苗期常集中心叶为害，为害嫩茎、幼荚和籽粒。

（2）防治方法。合理布局，以免虫源周而复始，对苗圃加强管理，及时防治。在小菜蛾发生期，可放置黑光灯诱杀，以减少虫源。采用生物杀虫剂，如BT乳剂（一种芽孢杆菌细菌性杀虫剂，主要杀虫成分是孢子和伴孢晶体）600倍液，或甘蓝夜蛾核型多角体病毒600倍液，可使小菜蛾幼虫感病致死。药剂防治可利用10%虫螨腈悬浮剂1500倍液，或10%溴氰虫酰胺可分散油悬浮剂2500~4500倍液，或22%氰氟虫腙悬浮剂800~1200倍液等喷施。注意交替使用或混合配用，以减缓抗药性的产生。

8.甜菜夜蛾

甜菜夜蛾又名玉米夜蛾、玉米小夜蛾、玉米青虫，为杂食性害虫，为害170多种植物。

（1）为害症状。以幼虫为害叶片，初孵幼虫先取食卵壳，后陆续从茸毛中爬出，1~2龄常群集在叶背面为害，取食叶肉，留下表皮，受害部位呈网状半透明的窗斑，干枯后纵裂；3龄以后幼虫分群为害，可将叶片吃成孔洞、缺刻，严重时全部叶片被食尽，整个植株死亡；4龄以后开始大量取食，蚕食叶片，啃食花瓣，蛀食茎秆及果荚，严重发生时可将叶肉吃光，仅残留叶和叶柄脉。

（2）防治方法。在蛹期结合农事需要进行中耕除草、冬灌，深翻土壤。早春铲除田间地边杂草，破坏早期虫源滋生、栖息场所，这样有利于恶化其取食、产卵环境。傍晚人工捕捉大龄幼虫，挤抹卵块，以降低虫口密度。在成虫始盛期，在大田设置黑光灯、高压汞灯及频振式杀虫灯诱杀成虫，同时利用性诱剂诱杀成虫。使用BT制剂（包含苏云金杆菌可湿性粉剂和BT乳剂）进行防治及保护，利用腹茧蜂、叉角厉蝽、星豹蛛、斑腹刺益蝽等天敌进行生物防治。施药时间以清晨最佳，在幼虫孵化盛期，于上午8时前或下午6时后喷施20%虫酰肼悬浮剂1000倍液，或10%虫螨腈悬浮剂1500倍液，或25%除虫脲可湿性粉剂3000倍液，或10%溴氰虫酰胺可分散油悬浮剂2500~4500倍液，或22%氰氟虫腙悬浮剂800~1200倍液，7~10天后再喷1次效果较好。

复习思考题

1. 现代园艺生产中常选择哪些病虫害预防措施？
2. 简述灰霉病的为害症状和防治方法。
3. 简述白粉虱的为害症状及防治方法。

PINZHONG XUANZE

第四章　品种选择

品种选择主要有两种方法：一种是按不同季节的季节选择法，另一种是按不同区域的应用场景选择法。不同的季节和不同的区域环境可以选择不同的色彩园艺品种，使其能够呈现最佳的景观效果。

一、季节选择法

（一）冬季、早春

用于冬季、早春观赏的色彩园艺品种，除了木本类，其他大多要在秋季育苗或定植，因为冬季气温低，气候相对恶劣，不利于种苗的生长。因此，无论是冬季开花还是春季开花的花卉，都要在秋季完成播种或者育苗工作（见图 4.1、图 4.2）。

常见的冬季和早春开花、观赏的花卉品种有玉兰、深山含笑、蜡梅、北美冬青、火棘、南天竹、白晶菊、金鱼草、金盏花、矢车菊、玻璃苣、大花飞燕草、诸葛菜、三色堇、郁金香、矾根等。

图4.1　冬季羽衣甘蓝景观

图4.2　早春金鱼草景观

（二）春末、夏初

春末、夏初，长江流域气温迅速回升，部分耐低温的园艺品种可以在2月末或3月初定植，5月初之前开花，景观营造适用于为劳动节增添节日气氛。这类花卉比较耐寒，能经受住一般的倒春寒等较为恶劣的早春天气，而且大多采用杯苗定植，可以在较短的时间内完成营养生长，在春末、夏初即可开放。这类色彩园艺品种常见的有各种绣线菊类、溲疏类、梨树、海棠、杜鹃花、花菱草、美丽月见草、黄菖蒲、鸢尾、桔梗等（见图4.3、图4.4）。

夏季高温酷热，江南地区有梅雨季节，7—8月经常会有持续干热天气，十分不利于色彩园艺中草本花卉的生长。梅雨季节雨水较多，光照不足，有利于病害发生和传播，需要选择抗病性好的色彩园艺品种；7—8月高温干旱，耐日灼、耐干旱品种是该季节需要重点考虑的类型。夏季常用的色彩园艺品种有大滨菊、一串红、鸡冠花、碧冬茄、美人蕉、山梗菜、石蒜、万寿菊、向日葵、鼠尾草、萱草、马鞭草、紫薇等。

图4.3　春末花菱草景观

图4.4　夏初萱草景观

（三）秋季

秋季气温舒适，适合大多数草本花卉种植。需要注意的是，秋季色彩园艺景观往往重视国庆节应用场景，因此在特定时间点形成景观效果是该时间段色彩园艺需要解决的栽培技术难题。一般而言，草本花卉从播种到开花需要50~70天的苗期，不同的环境温度下，该苗期长度有所差异。比如春季播种，由于气温偏低，苗期会略有延迟；8—9月播种，会因为气温高、雨水相对较多而大大缩短苗期。不同色彩园艺品种之间也有较大差异，必须根据具体的品种要求来安排育苗时间，但一般不晚于9月下旬。适于秋季景观营造的色彩园艺品种有木芙蓉、双荚决明、黄金菊、忽地笑等（见图4.5）。

图4.5　秋季木芙蓉景观

复习思考题

1. 冬季、早春应选择哪些色彩园艺品种？
2. 春末、夏初应选择哪些色彩园艺品种？
3. 秋季应选择哪些色彩园艺品种？

二、应用场景选择法

（一）公园景区

作为公共空间，色彩园艺在景观营造中和景区其他景观设计一样，要做到景观与生态共生、美化与文化兼容。色彩的选择应与景区文化氛围相一致，使人们在欣赏时感受到意境之美。色彩园艺品种在公园景区中的应用要本着抗性较好、色彩艳丽、花期较长等要求选用（见图 4.6）。

此外，一般来说，公园或景区是游客相对集中、人流量较大的地方，市政主管部门应该积极推荐使用新品种，这样一方面可以创新景观效果，另一方面可以促进新品种推广，起到示范引领作用。

图4.6　公园景区色彩植物应用

（二）道路街区

道路街区使用色彩园艺品种，除了可以营造良好的景观效果，还可以引导视线，起到“分车带”的作用。道路街区往往面积较小，种植小气候不佳，土壤保水保肥能力较差，植株容易受到扬尘等的影响。因此，在该环境下选择的色彩园艺品种，要求具备抗旱、抗污染、根系发达、耐贫瘠等特点。常见的品种有连翘、海棠花、锦带花、黄芦木、石楠等（见图 4.7、图 4.8）。

图4.7　行道树下色彩植物应用

图4.8　街区一角色彩植物应用

（三）商业广场

商业步行街在景观设置上往往与街心广场、绿树花坛、水池喷泉、小品雕塑相结合，并设置供人们休憩用的座椅等服务设施。在这样的环境中休闲购物，可以缩短人的社会距离，增加对环境的亲切感。城市商业步行街作为现代城市街道的特殊形式，能够更加合理地组织交通和商业活动，在改变购物环境、改变城市形象、提升城市特色、促进经济发展等方面有着积极作用。恰当选择和应用色彩园艺，可以很好地将园艺乐趣融入商业活动中，使人心情愉悦、快乐消费。该场景下色彩园艺品种的选择应该注重趣味性、新颖性，另外，在花香、花型、花文化等方面应重点考虑，常见的品种有金鱼草、三色堇、紫罗兰、萱草、玉簪、百合等（见图 4.9）。

图4.9　购物中心色彩植物应用

（四）住宅小区

住宅小区往往人口密集，绿化空间有限。这种情况下应该选择乔灌木作为小区生态养护的骨架植物，以便提升小区绿化水平、降低养护成本、吸收有害气体、阻滞空气尘埃。但在特殊场景，如花坛美化中，可以选择色彩园艺品种，以增加小区景观效果（见图 4.10）。

图4.10　住宅色彩景观

1.公园景区应选择哪些色彩园艺品种?

2.道路街区应选择哪些色彩园艺品种?

3.住宅小区应选择哪些色彩园艺品种?

DIANXING SHILI

第五章　典型实例

花卉的种植者和经营者利用学到的花卉生产技术和经营管理经验，积极从事花卉产业的开发，成为了当地花卉产业的龙头企业或带头人，辐射和带动周边农户的花卉种植，推动花卉产业的发展，促进农业经济的增长。

一、杭州爱婷环境绿化有限公司

（一）生产基地

杭州爱婷环境绿化有限公司前身为杭州萧山来苏苗场，成立于1996年，位于特色贡品“杜家杨梅”的产地——杭州市萧山区所前镇，地处连接京杭甬大运河的西小江畔，总面积197亩，以培育各类水生植物种苗及新品种为主。截至2020年，公司已为广大客户提供各类绿化、水生植物种苗1.8亿株。2009—2010年承建了萧山城区广电中心·济民河公园河道水域绿工程，应邀参与了杭州中东河水质处理项目；2011年承建了萧山城区萝卜桥横河·姚江河等河道的水生植物种植工程；2011年应邀实施了队部河道的景观改造工程。2012—2017年，公司培育出玫红水生美人蕉、湿地木槿等多个新品种，并在浙江省人民政府的“五水共治”工作中完成了多个试

基地内湿地木槿

验项目，获得了省、市、区政府有关部门的表彰。

公司作为浙江省风景园林学会水生植物伟达研究所研究基地后，专业从事水生植物新品种的开发研究，已培育多个荷花、睡莲新品种，有4个荷花新品种在2017年第31届全国荷花展上获“中国花卉协会荷花分会一等奖”，并种植于西湖水域，为美化西湖作出了贡献。

水域绿化工程

（二）产品介绍

公司主要产品有湿地木槿、王莲、芡、莲、睡莲、三白草、水禾、狐尾藻、萍蓬草及各种花色的水生美人蕉，还有苦草等沉水植物。

玫红水生美人蕉

三白草

水禾种苗

海洋之星种苗

湿地木槿种苗

黄花水龙

矮生苦草种苗　　芡种苗

燕子花　　王莲种苗

萍蓬草　　水罂粟

莲（1）　　莲（2）

莲（3）

莲（4）

（三）责任人简介

蔡火勤

蔡火勤，1963年8月生，杭州萧山人，本科学历，高级水产技师、高级农艺师。1985年以来一直从事花卉苗木的生产、示范和推广工作。杭州市高层次E类人才、杭州市乡村产业技能大师和萧山区“乡土专家”，兼任浙江省风景园林学会水生植物伟达研究所副所长，先后主持或参与完成各类推广、示范项目17项，在《浙江园林》等杂志上发表学术论文10篇；部分作品在中国第五届花卉博览会和第31届全国荷花展上获奖。

联系人：郁幼芳

电　话：13967135750、15068807678

二、浙江传化生物技术有限公司

(一)生产基地

浙江传化生物技术有限公司是传化集团旗下的全资公司，国家级农业示范园核心企业和国家重点高新技术企业。公司以“园艺行业一站式解决方案服务商”为发展方向，以杭州萧山国家农业科技园区为依托，业务范围涵盖种子种苗培育、花卉集约服务、园艺资材服务、名贵中药材养生等领域，形成了产学研结合的技术创新体系。公司运用先进的生物工程科技，标准化的管理体系，坚持“抓两头、带中间”的经营策略，致力于花卉园艺行业的规划设计、产品开发、技术升级、市场增值等一站式系统解决方案的构建与服务。

公司园艺生物科技中心

绿科秀全自动化玻璃温室

公司建有省级农业科技研发中心、省级高新技术企业研发中心、浙江省杭州花卉产业技术创新服务平台等研发机构，拥有专业的研发和技术服务团队，满足了企业内部研发和对外技术推广服务需要。

公司现有3000平方米研发大楼、500平方米GMP(生产质量管理规范)无菌车间、300平方米离体培养实验室，连栋温室15公顷，拥有高速冷冻离心机、荧光分光光度计、体视显微镜、体胚液体培养装置等实验仪器200余套，在云南、四川、浙江均建有示范推广基地。

公司与浙江大学、南京农业大学、浙江省农业科学院、浙江省中药研究所有限公司、中国科学院上海生命科学研究院等30余家知名高等院校、研究机构建立了长期战略合作关系，并与韩国、日本、荷兰、泰国等20多个国家的知名科研院所和企业有稳定的技术往来。

公司拥有各类专利20项，科技成果6项，制定标准10余项，科技奖励5项，在育种、育苗、设施农业建设、药用植物开发等多个领域实现了重大技术突破。公司获得过的荣誉有国家级高新技术企业、国家星火计划龙头企业技术创新中心、2010年全国十佳花木种植企业、浙江省杭州花卉产业技术创新服务平台、省级农业科技研发中心、浙江省十大先进制造技术区域创新合作平台、浙江省生物工程产业萧山基地、浙江省驰名商标、浙江省名牌产品等。

（二）产品介绍

公司是国内首批开展工厂化育种育苗的企业之一，拥有穴盘育苗、组培育苗、嫁接育苗等现代化育种、育苗技术体系和完善的设施设备，公司将种子、种苗送到农户的田间地头，并提供热销品种、栽培技术、配套资材等增值服务，提高生产端的产出效率。通过茄果嫁接苗的推广，农户亩产增收3000元；通过高档兰花苗的推广，农户亩产增收可达8万元；通过穴盘苗的推广，农户成花率可提升30%。截至目前，公司服务范围涵盖花卉、园林、蔬菜、果树等多个领域，服务客户近万家，形成了年产各类穴盘苗、组培苗、嫁接苗、扦插苗等种苗1亿株，年推广新品种50个，配套技术30项。

种苗车间

组培研发中心

公司掌握核心花卉育种、育苗培育技术能

城市花卉体验中心

力，其中，蝴蝶兰、大花蕙兰等兰科花卉技术实力与市场占有率全国第一，建有长三角首家上规模的园艺中心，致力于构建园艺花卉、园艺用品、园艺景观等一站式终端服务平台。

公司拥有植物及资材进出口专业资质经营权，掌握国内外优质资源及渠道，立足于水苔、泥炭、椰糠、火山石等优势资源，致力于打造专业、快捷、高效、增值的进出口服务平台。

截至2020年底，公司累计供应商品优质种苗8.3亿株，产销各种优质高档花卉2480余万盆；直接带动花卉和蔬果种植业产值95亿元，直接带动农民就业人数12万人；种苗、资材和栽培技术直接服务基

种苗自动化浇水

传化花园中心场景

地面积181万亩，间接服务基地面积710万亩；培训及售后服务农民8万人次。

（三）责任人简介

倪惠珠

倪惠珠，1963年5月生，杭州萧山人，研究生学历，浙江传化生物技术有限公司总经理，全国工商联农业产业商会副会长、中国花卉协会盆栽植物分会副会长、浙江省盆花协会理事。从事现代农业领域18年，在现代园艺科技创新、高效运营、终端品牌、产业服务等方面有着成功的实践和独到的见解，致力于为现代农业技术进步、产业升级、农业增效、农民致富等方面持续注入活力。

联系人：樊安利

电　话：13003691562

三、杭州蓝海生态农业有限公司

（一）生产基地

杭州蓝海生态农业有限公司位于杭州市萧山区所前镇山联村蓝海小镇，为凌飞集团投资建设，于2007年建园，是一家以果蔬苗木新优品种高效种植、农产品初加工、农旅融合发展建设为主的省级现代化农业示范园区。园区位于有着“茶果之乡”美誉的萧山区所前镇，拥有现代农业产业园区1129亩，园区三面环山，四面环水，植被覆盖率超过85%，农产品资源丰富，生态环境优越。

公司基地包含容器育苗生产区、大树造型样板区、新品种示范区、第三代水果示范区。建成现代化温室1.2万平方米，年产容器苗800万株；造型庭院苗木3000余株；行道树2万余株。

公司俯瞰

入园景观

公司与国家林业局林产工业规划设计院、浙江省林业科学研究院、浙江省农业科学院花卉研究开发中心、浙江理工大学等科研单位及院校建立了良好的合作关系，在多个项目中取得了重大突破，获得了8项产品金奖。历年来，园区先后获得全国十佳苗圃、浙江省农业科技企业、浙江省级现代农业园区、浙江省高效农业示范园区、杭州市级农业龙头企业、杭州市都市农业示范园区等30多项荣誉称号。

精品水果

近年来，园区依托本地优势资源，以“农业+文旅+三产”的发展思路，大力开展“一、二、三产业”融合发展示范园，目前已建成标准化生产种植区、精品果蔬采摘区、亲子农耕体验区、植物科普教育基地、休闲娱乐观光区、凌飞园度假服务中心等功能区块。

（二）产品介绍

公司主要产品有金森女贞、大花六道木、红叶石楠、锦带花、山矾、南酸枣、红果冬青、黄连木、香樟、红枫、五针松、罗汉松、

造型罗汉松

新品蓝莓

蓝海小镇亲子农场

黑松、野生苦丁茶、紫薇等。

公司注册的“lanhai”商标为浙江省著名商标。公司的拳头农产品——蓝莓，种植已超过10年，每年6月在蓝莓成熟之际，园区都会举办“蓝莓采摘节”活动，吸引众多游客前来采摘，许多游客对蓝莓品质赞不绝口。

（三）责任人简介

徐远，1988年3月生，杭州萧山人，大专学历，杭州蓝海生态有限公司总经理，全面负责公司各项事务。

徐远

联系人：白云凤

电　话：0571-82345800

四、杭州树联园艺科技有限公司

（一）生产基地

杭州树联园艺科技有限公司是一家专业从事新优苗木花卉种植、销售，苗木组培，绿化施工、养护等的一体化园林综合企业。

公司是国家高新技术企业、杭州市“雏鹰”计划企业。公司建立新优苗木展示基地，整合上百个特色新优品种；建立组培实验室，集合优秀研发人员，组培选育10余个特色品种。目前公司已获得发明专利3项，实用新型专利7项，研发方面始终保持技术上的优势。

中国花卉博览会

第九届中国花卉博览会
THE 9th CHINA FLOWER EXPO

荣誉证书

杭州树联园艺科技有限公司：

贵单位的“菲油果”荣获第九届中国花卉博览会展品类(观赏植物观赏苗木)铜奖。

特颁此证，以资鼓励。

第九届中国花卉博览会组织委员会　中国花卉协会

二〇一七年十月

2017 中国·宁夏·银川

获奖证书

（二）产品介绍

公司目前主打的特色产品有菲油果、火焰南天竹、鲍尔斯金苔草、耧斗菜、金边小叶栀子等。

菲油果开花

成熟的菲油果

精品石楠球

(三)责任人简介

俞庆

俞庆，1988年生，杭州萧山人，工程师。浙江农艺师学院研修生。现任杭州树联园艺科技有限公司总经理，萧山区花卉协会理事。

联系人：俞庆

电　话：13375712669

五、浙江萧建集团有限公司

（一）生产基地

浙江萧建集团有限公司位于杭州市萧山区河上镇璇山下村，公司成立于2003年，注册资金5亿元。公司是国家高新技术企业，拥有市政公用工程施工总承包一级资质、水利水电工程施工总承包二级资质、建筑工程施工总承包二级资质等资质。其主要从事市政园林相关的承包，如PPP（政府与私人组织之间）、EPC（发包人根据合同委托，对工程建设项目的设计、采购、施工、试运行等）项目以及花卉苗木的科研、生产。

公司在萧山河上镇璇山下村建有205亩花木科研、生产基地，配套有单拱大棚、温室大棚、喷滴灌等标准化栽培设施，研育花木新优品种，种类覆盖乔木、花灌木、宿根花卉、草本花卉；并与国内领先的全产业链花卉企业——北京市花木有限公司开展合作，持续引进、选育新优品种，开展精准设施园艺技术研究，致力于发展

种苗培育大棚（1）

和推广高效、节能绿色生产技术。

种苗培育大棚（2）

（二）产品介绍

基地年培育、生产花卉300多万株，主要品种有火炬花、矾根、飘香藤、碧冬茄、天竺葵、香雪球、鼠尾草等。

飘香藤

花园小菊*

公司产品应用案例

（三）责任人简介

吴晓曙

吴晓曙，1976年6月生，杭州萧山人，大专学历，基地负责人，管理花卉生产和销售，现已从事苗木花卉行业20多年。

联系人：吴晓曙

电　话：13867175008

* 指株型紧凑圆整，分枝力强，花朵密集的菊花类型。

六、浙江海丰花卉有限公司

（一）生产基地

浙江海丰花卉有限公司成立于2013年，总部位于绍兴市柯桥区平水镇剑灶村，是一家集品种选育、种苗繁育、花卉种植、加工出口、生命文化教育、农旅观光于一体，融合“一、二、三产业”的省级骨干农业龙头企业。

公司作为国内最大的菊花及衍生产品（花束）生产出口企业之一、全国菊花鲜切花行业标杆企业，在浙江、海南、云南等地拥有共3500余亩高品质花卉种植基地，可实现周年连续供应菊花超过

公司生产基地缩影

菊展中的应用——由公司自产菊花打造的各类花境及造型

6000万株，产品远销日本、韩国、俄罗斯等国家。

自2017年起，公司自建企业研发中心，并引入南京农业大学、浙江省农业科学院等战略合作单位，积极围绕“品种保存和开发”“标准化工艺流程”“土壤改良和种植模式变革”“农业物联网技术”四大目标进行科技攻关。2020年建成浙江省菊花种质资源圃，目前园内保存的菊花品种有1600多个。

公司菊花种质资源圃

（二）产品介绍

海丰花卉各基地以生产菊花、康乃馨、百合等鲜花为主，并零星种植玫瑰、兰花、向日葵等花卉作物，其中以菊花产品最为知名，也被广泛应用于园林美化等领域。

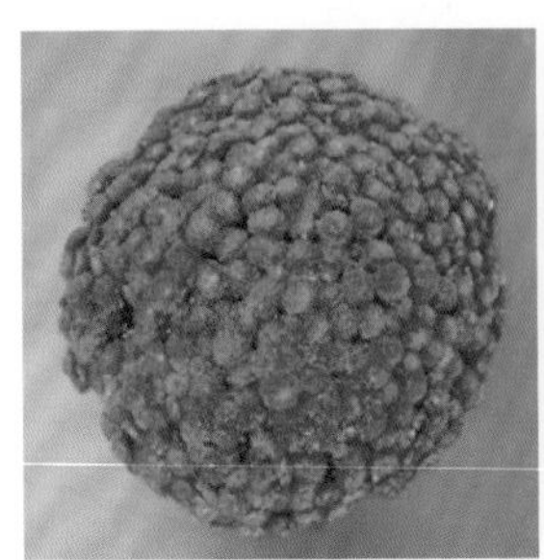

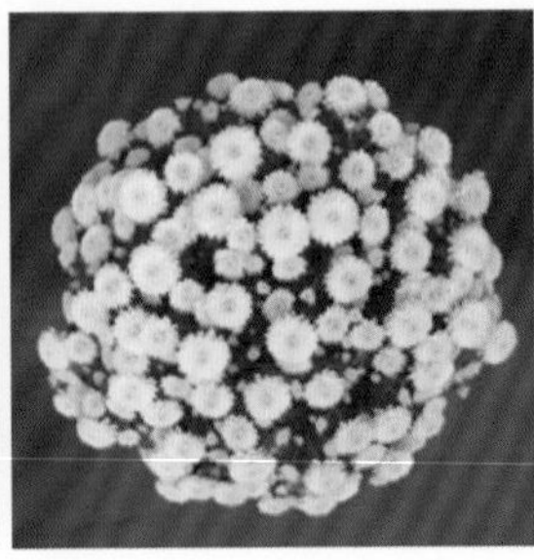

球菊系列产品

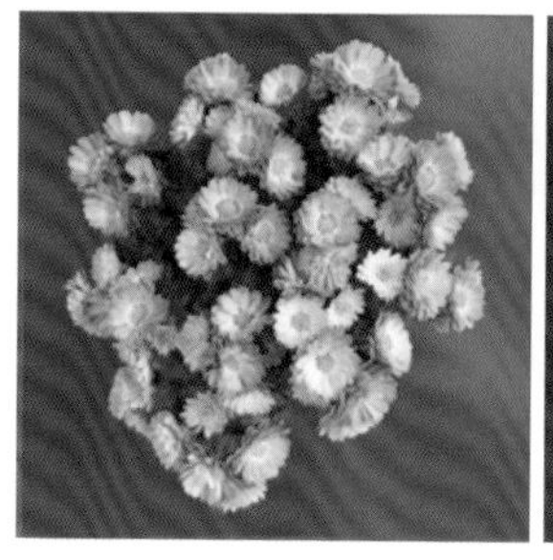
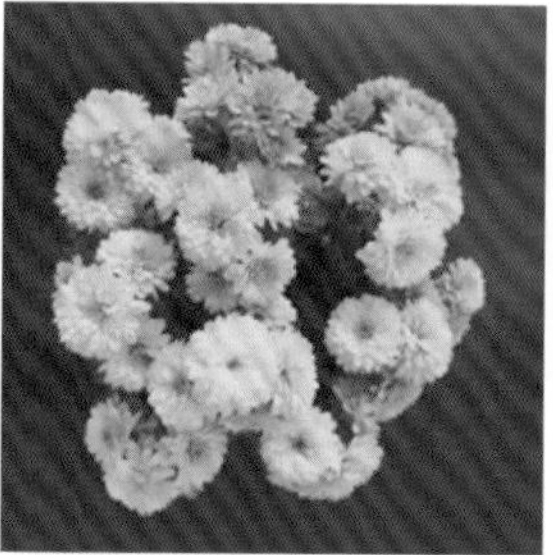

园林小菊系列产品

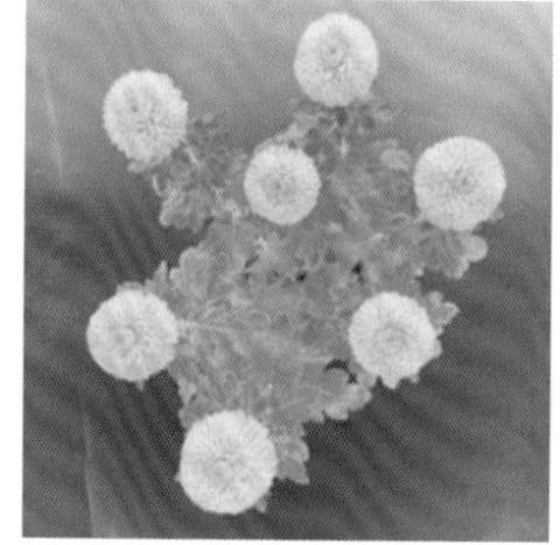
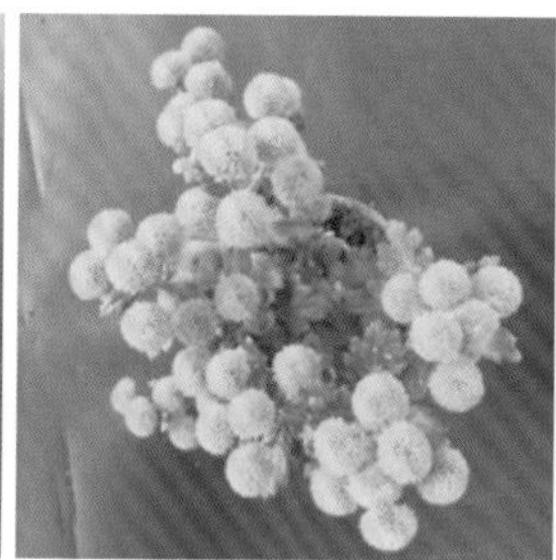

切花菊系列产品

(三)责任人简介

吴海峰，丽水庆元人，大专学历。2013年创立浙江海丰花卉有限公司，任公司董事长，凭借对菊花的热爱，建立了国内最大的菊花种植资源圃，搜集菊花1600多个品种。

吴海峰

联系人：吴海峰

电　话：0575-82398068

七、绍兴盛和建设有限公司

（一）生产基地

绍兴盛和建设有限公司成立于2002年，是一家专门从事市政公用工程、城市园林景观设计、绿化养护、苗木生产及销售，集环境景观规划、设计、施工和养护为一体的综合性市政园林施工企业，是国家城市园林绿化一级资质和市政公用工程总承包二级资质企业。公司在绍兴柯桥区平水镇梅园村建有200亩花卉培育基地，配套有80余个薄膜大棚，6000平方米温室大棚，且大棚内均配有喷滴灌等标准化栽培设施，研育花卉优质品种。公司参与了上海、北京等地的园林花卉园博会，致力于打造更加先进、科学、高效的花卉基地。

基地花卉

（二）产品介绍

基地年培育鲜花约1000万盆，按季节培育不同品种。

春季（3—5月）：孔雀草、碧冬茄、一串红、银叶菊、鸡冠花、四季秋海棠、石竹、金鱼草、薰衣草、彩叶草。

夏季（6—8月）：夏堇、孔雀草、大花马齿苋、黄秋英、鸡冠花、四季海棠、百日菊、薰衣草、一串红。

秋季（9—11月）：孔雀草、碧冬茄、长春花、四季秋海棠、鸡冠花、美女樱、秋英、万寿菊、百日菊、彩叶草、石竹。

冬季（12—翌年2月）：报春花、羽衣甘蓝、三色堇、红甜菜、郁金香、鸢尾、紫罗兰、石竹等。

生产基地

公司产品应用图例

（三）责任人简介

凌翀

凌翀，1987年11月生，绍兴柯桥人，本科学历，民主促进会会员。2011年任绍兴盛和建设有限公司总经理，后任鲜花基地负责人，现已从事鲜花培育、种植、销售工作10余年。

联系人：凌翀

电　话：18767562111

八、浙江虹越花卉股份有限公司

（一）生产基地

浙江虹越花卉股份有限公司成立于2000年8月，是一家以倡导低碳环保、美丽生活为己任，专业从事花卉园艺产品引进、研发、生产和推广的综合性园艺企业。公司历经多年精心锻造，在产品供应端积累了丰富优质的资源，逐步形成以全球采买为核心，研发种植、加工制造、订单收购、外协合作等多途径协同发展的园艺产品集成供应体系。

在公司“百花争鸣”的产业版图中，容器苗始终以一枝独秀的傲人之姿占据着重要的地位，而公司容器苗的打造者虹越苗圃事业部，也因此一直有着中国精品容器苗生产者和供应商的先驱形象。

虹越苗圃事业部的前身海宁国美园艺有限公司作为国内最早引入“容器苗”概念的单位之一，于2002年建立了国内首家标准化容

虹越基地展示（1）

虹越基地展示（2）

器苗无土栽培生产基地，一直从事园林苗木新优品种的引进开发及繁育推广，有着多年的容器苗研发，不断提升新、特、优园林植物的容器化栽培技术，吸收了国内外园林植物精髓，引领了国内苗圃发展新潮，为高端园林景观、房产绿化及家庭园艺等提供了一站式采购平台及运用保障，并可为别墅、庭院、屋顶花园、阳台花房等提供设计、营造、咨询服务。

（二）产品介绍

专业的资源。公司的海外合作资源遍布全球，与最优秀的国际苗木供应商建立了牢固的战略合作关系，能确保苗木产品和技术紧随国际流行趋势并快速更新换代。除了整合全球优质苗木资源，公司从资材到设备、从品种到技术的完整产业链，为容器苗圃的发展壮大保驾护航。

公司通过国际种植者协会、中国花卉协会等行业协会与国内外同行建立友好交流，与华中农业大学、浙江农林大学等高校科研院所共同开展多项技术合作和成果转化项目，牢牢掌握前沿的容器苗生产管理技术，并以技术标杆示范作用带动了国内苗木产业的发展和壮大。

专注的团队。作为国内最早引入并规模化经营容器苗的团队，从2002年建立国内首家标准化容器苗基地开始，历经多年的发展壮大，以高效的执行力、强大的凝聚力打造出国内容器苗行业的核心专业力、优势竞争力，开创了国内容器苗从无到有、从有到优的辉煌局面。

标准化生产体系。领先的无土栽培容器苗种植技术，合理的苗圃场地规划，高效的土地利用，科学的苗木摆放及固定，标准化生产管理体系的建设和执行，不仅大大提高了土地利用率，同时也为每一棵植物提供了更加和谐友好的生长环境。

精细养护，精优品质。专业的养护团队，打造出更高的养护标准。及时修剪管理，精细水肥养护，精细苗木造型，力求将每一棵植物都培养成为苗木精品。

全球直采，精挑严选。公司的海外合作资源遍布全球，能快速获得最新的园艺理念和潮流性的园艺品种资源，一贯的严谨态度深入生产商业苗圃，严格把关挑选最健康优质的精品苗木。

效果出众，立竿见影。标准化生产的容器苗，每一株都保持着发达的根系、饱满的植株形态，移栽成活率接近百分之百，从而保证了园林施工的全年应用，景观效果立竿见影。出众的应用效果是精品容器苗引领着容器花园应用潮流的独门绝技。

精品萱草

敏锐的市场预测，合理的产品结构。拥有国际化前沿视野，肩负行业引领责任，公司积极

精品月季

精品铁线莲

精品绣球

走在行业前列，不断引入并开发优秀的苗木品种及造型。

近年来，新品种及造型以每年超过 30％的幅度增长，不仅满足了国内中高端园林景观应用需求，还带领一大批种植户生产和销售，产生了良好的经济效益和社会效益。

不断完善的服务解决方案。经过多年的发展和积累，公司逐步完善科学的发货流程，培养出一支专业的发货队伍，结合相关园林机械的应用，最大程度上保持了植物的固有形态，减少后期损伤，保证了装车效率，降低了运输成本，从而为顾客提供更快速、高效、低损耗的配送保障。

（三）责任人简介

童民灿，浙江虹越花卉股份有限公司苗圃事业部总经理，从事容器苗的研发、生产 18 年，坚守在苗圃生产第一线，积累了丰富的容器苗栽培经验，在业内培养了一批专业技术人才，并多次开设讲座传授苗圃栽培及管理技术，深受学员喜爱及赞赏，带领的苗圃团队的精品容器苗生产技术及品质已达到国际先进水平，创造了多个业界第一。

童民灿

联系人：童民灿

电　话：13750767016

参考文献

池沃斯. 植物景观色彩设计[M]. 北京: 中国林业出版社, 2007: 40-41.

刘嘉. 植物色彩在上海城区绿地花境中应用研究[D]. 长沙:中南林业科技大学, 2014.

王美丽, 郑国华.福州市春季草本花卉色彩分析及应用探索[J]. 东南园艺, 2015, 43(1): 52-59.

王小德. 多年生花卉在植物造景中的应用[J]. 浙江大学学报(农业与生命科学版), 2000, 26(2): 225-228.

王艳, 方建勇. 彩叶植物在杭州园林中的配置应用[J]. 中国园林, 2008, 24(7): 73-80.

张芬, 周厚高. 花境色彩设计及植物种类的选择[J]. 广东农业科学, 2012, 39(23): 32-36.

后 记

本书从筹划到出版历时一年多，经数次修改完善，最终定稿。本书在编撰过程中，得到了浙江省花卉协会相关专家的大力帮助，特别是浙江农林大学王小德教授、浙江省花卉协会常务副秘书长何云芳正高级工程师在百忙之中对书稿进行了仔细审阅和修改，浙江省有关花木生产企业提供了部分资料，在此表示衷心感谢！

由于编者水平所限，书中难免有不妥之处，敬请广大读者提出宝贵意见，以便进一步修订和完善。